Pythonによる
機械学習入門

株式会社システム計画研究所（編）

本書に掲載されている会社名・製品名は、一般に各社の登録商標または商標です。

本書を発行するにあたって、内容に誤りのないようできる限りの注意を払いましたが、本書の内容を適用した結果生じたこと、また、適用できなかった結果について、著者、出版社とも一切の責任を負いませんのでご了承ください。

本書は、「著作権法」によって、著作権等の権利が保護されている著作物です。本書の複製権・翻訳権・上映権・譲渡権・公衆送信権（送信可能化権を含む）は著作権者が保有しています。本書の全部または一部につき、無断で転載、複写複製、電子的装置への入力等をされると、著作権等の権利侵害となる場合があります。また、代行業者等の第三者によるスキャンやデジタル化は、たとえ個人や家庭内での利用であっても著作権法上認められておりませんので、ご注意ください。

本書の無断複写は、著作権法上の制限事項を除き、禁じられています。本書の複写複製を希望される場合は、そのつど事前に下記へ連絡して許諾を得てください。
(社)出版者著作権管理機構
(電話 03-3513-6969, FAX 03-3513-6979, e-mail: info@jcopy.or.jp)

JCOPY ＜(社)出版者著作権管理機構 委託出版物＞

まえがき

　本書は『機械学習』を知りたい、使いたいという方々向けに「触って覚える機械学習」となる本を目指しました。機械学習は人工知能と関係が深く、様々な分野での実用例が報道されたり、2016年3月にはGoogle DeepMindの「アルファ碁」が世界トップクラスのプロ囲碁棋士に勝利したりと、その発展には目を見張るものがあります。計算機能力の向上とソフトウェア環境の整備によって機械学習は気軽に試せるようになりましたが、機械学習を正しく使うためには、「データの取り扱い」や「アルゴリズムの選択」、「結果の評価・調整」という一連の作業を適切に行っていくことが必要です。本書はこうした作業を正しくできるようになることを目指したものであり、機械学習を使っていく上での基礎にあたる部分にフォーカスしています。

　本書ではスクリプト言語Pythonを利用しています。Pythonについては良書も多いため詳細な説明は省きましたが、シンプルな言語でかつ本書で使うのは基本的な部分のみですので、コードを読むのは難しくないと考えています。

　本書はあまり理論に踏み込まず、使うこと・活用することに焦点を当てています。付録のみ路線が異なり、「作って理解する・深く理解する機械学習」というコンセプトで、やや高度な内容を扱っています。機械学習を使うだけであれば付録を読む必要はありませんが、より深く機械学習を理解したい方は、是非付録を読んで次のステップに進まれることをお勧めします。

　本書の内容は次の通りです。
　第1章ではPythonのインストールや言語の説明など、本書を読む上での準備を行います。クイックツアーではPythonで機械学習をどのように触るかを説明します。章末の「小話　深層学習って何だ？」では、最近耳目を集める深層学習の歴史とその現状について触れています。
　第2章では機械学習の各種側面を概観します。
　第3章から第5章は基礎編ともいうべき章で、分類問題・回帰問題・クラスタリングについて説明します。特に「第3章　分類問題」では、性能の評価方法やその注意点を述べています。ここは機械学習を使っていく上で基本となる部分で

すので、しっかり理解してください。

　第6章・第7章は応用編の位置付けです。第6章では手形状分類を題材に、実際に近い形でデータ集めから分類器の作成・評価を行っていきます。第7章ではセンサデータの取り扱い方を見ていき、最後に本編の締めの言葉を述べています。

　付録Aでは機械学習のアルゴリズムを実際に実装して、その仕組みや考え方を学びます。

　付録Bでは理論的な基礎として線形代数を振り返り、代表的な非線形モデルの説明を行っています。

　参考情報は、本書の内容の参考となるサイトや書籍を紹介しています。本書で使用するスクリプトやデータがダウンロードできるサポートサイトへのアクセス方法も記載してありますので、ご参照ください。

　本書は株式会社システム計画研究所の有志により執筆しました。当社は技術志向のソフトウェア開発会社であり、近年はAI・機械学習の分野を研究と事業の両輪で推進しています。普段の業務では深層学習や画像処理・データ分析といったより高度な技法を使用しています。本書の内容はそうしたことの基礎にあるもので、私たちの日々の業務で扱っている実践的な視点は盛り込んでいます。

　本書が機械学習を使いたい、活用したいという方々への一助になれば幸いです。

2016年11月

株式会社システム計画研究所
執筆陣 一同

目 次

まえがき iii

第1部　導入編　　　　　　　　　　　　　　　　　　　　　　　1

第1章　はじめに　　　　　　　　　　　　　　　　　　　　　　3

1.1　機械学習とは 3
1.2　Pythonと機械学習 4
1.3　インストール&セットアップ 4
1.3.1　Anacondaのインストール 4
1.3.2　Pythonの実行 7
1.4　Python早分かり ── NumPyとmatplotlib 9
1.4.1　NumPy 10
1.4.2　matplotlib 15
1.5　クイックツアー 16
1.5.1　課題とデータ 17
1.5.2　データの準備 17
1.5.3　分類問題 20
1.5.4　回帰問題 23
1.5.5　クラスタリング 26
　　　　　小話　深層学習って何だ？ 28

第2章　機械学習の様々な側面　　　　　　　　　　　　　　　33

2.1　機械学習をとりまく環境 33
2.2　関連分野 34
2.3　学習法による分類 35
2.4　手法や課題設定による分類 36
2.5　応用例 37

第2部 基礎編 ... 39

第3章 分類問題 ... 41

3.1 分類問題とは ... 41
3.2 最初の分類器 ... 42
- 3.2.1 digits データセット ... 42
- 3.2.2 分類器を作って評価してみる ... 44

3.3 学習データとテストデータ ... 46
- 3.3.1 学習とテストのデータの分離 ... 46
  - ミニ知識 色々な用語―学習・訓練・教師 vs テスト・評価・バリデート・検証 ... 47
- 3.3.2 ホールドアウトと交差検証 ... 48
  - ミニ知識 k-分割交差検証 ... 49

3.4 分類器の性能を評価しよう ... 50
- 3.4.1 分類器の性能―正答率・適合率・再現率・F値 ... 50
  - ミニ知識 正答率（Accuracy）と適合率（Precision） ... 51
  - ミニ知識 色々な平均―調和平均・算術平均・幾何平均 ... 52
- 3.4.2 手書き数字画像分類器の性能を見てみよう ... 53
- 3.4.3 性能指標の性質と関係 ... 54

3.5 色々な分類器 ... 56
- 3.5.1 決定木 ... 56
- 3.5.2 Random Forest ... 59
- 3.5.3 AdaBoost ... 64
- 3.5.4 サポートベクターマシン（SVM） ... 66

3.6 まとめ ... 69

第4章 回帰問題 ... 71

4.1 回帰問題とその分類 ... 71
- 4.1.1 回帰問題とは何だろう ... 71
- 4.1.2 回帰問題の分類 ... 72

4.2 最初の回帰 ─ 最小二乗法と評価方法 ... 73
- 4.2.1 最小二乗法のアイデア ... 73
- 4.2.2 線形単回帰を試してみる ... 74
- 4.2.3 回帰における評価―決定係数 ... 77
- 4.2.4 $y = ax^2 + b$ を求める ... 78

	4.2.5	重回帰を試してみる 80
4.3		機械学習における鬼門 ── 過学習 86
4.4		過学習への対応 ── 罰則付き回帰 90
4.5		様々な回帰モデル 92
	4.5.1	サポートベクターマシン (SVM) 94
	4.5.2	Random Forest 95
	4.5.3	k- 近傍法 96
4.6		まとめ 97

第5章　クラスタリング　　99

- 5.1 iris データセット 100
  - 5.1.1 iris データセットとは 100
    - **ミニ知識** フィッシャーのあやめ 100
  - 5.1.2 scikit-learn における iris データセット 100
- 5.2 代表的なクラスタリング手法 ── k-means 102
  - 5.2.1 k-means によるクラスタリング手順 102
  - 5.2.2 k-means の実行 104
  - 5.2.3 クラスタリング結果 105
  - 5.2.4 結果の可視化 105
  - 5.2.5 花の種類とクラスタの関係 110
- 5.3 その他のクラスタリング手法 111
  - 5.3.1 階層的凝集型クラスタリング 111
  - 5.3.2 非階層的クラスタリング Affinity propagation 113
- 5.4 まとめ 114

第3部　実践編　　115

第6章　画像による手形状分類　　117

- 6.1 課題の設定 117
- 6.2 最初の学習 118
  - 6.2.1 データの準備 118
  - 6.2.2 学習の実施 119
- 6.3 汎化性能を求めて ── 人を増やしてみる 123

	6.3.1 データの準備	123
	6.3.2 学習と評価	124
6.4	さらに人数を増やしてみる	127
	6.4.1 データの準備	127
	6.4.2 学習と評価	127
	6.4.3 考察	133
	ミニ知識 学習データに含める人数について	134
6.5	データの精査と洗浄 ── データクレンジング	134
	6.5.1 学習データの確認	134
	6.5.2 クレンジングの実施	136
	6.5.3 考察	139
6.6	特徴量の導入	139
	6.6.1 HOG 特徴量	139
	6.6.2 HOG の計算	140
	6.6.3 学習と評価	140
	6.6.4 考察	144
6.7	パラメータチューニング	145
	6.7.1 グリッドサーチ	146
	6.7.2 考察	151
6.8	まとめ	152

第 7 章　センサデータによる回帰問題　　153

7.1	はじめに	153
7.2	準備	154
7.3	センサデータの概要	154
	7.3.1 センサデータの性質	154
	7.3.2 データの内容	155
7.4	データの読み込み	156
	7.4.1 CSV の取り扱い	156
	7.4.2 pandas 早分かり	156
	7.4.3 時系列データの取り扱い	163
	7.4.4 電力消費量データ	163
	7.4.5 気象庁のデータ	169
7.5	高松の気温データと四国電力の消費量	174
	7.5.1 データの結合と可視化	174

	7.5.2	1時間分の気温データから電力消費量を推定 176
	7.5.3	気象データの種類を増やしてみる 179
	7.5.4	日時のデータを増やしてみる 181
	7.5.5	入力時間幅を増やしてみる 182
7.6	もっと色々、そしてまとめ 185	
7.7	終わりに 186	

第4部 付録　　　　　　　　　　　　　　　　　　　　　　187

付録A　Pythonで作る機械学習　　　　　　　　　　　　　189

A.1　この付録の目的 189
A.2　最小二乗法 190
　　A.2.1　最小二乗法の考え方 190
　　A.2.2　行列・ベクトル方程式による表現 193
A.3　行列計算による解析解の導出 194
A.4　反復法 196
　　A.4.1　反復法と評価関数 196
　　A.4.2　最急降下法 196
　　A.4.3　モーメント法 198
　　A.4.4　ミニバッチ法と確率的勾配降下法 199
A.5　コードを書く前に… 200
A.6　実装例 201
　　A.6.1　解析解による線形回帰の実装 202
　　A.6.2　反復法による線形回帰の実装 204
　　A.6.3　反復法によるニューラルネットワークの実装 205

付録B　線形代数のおさらいと代表的な非線形モデル　　　　209

B.1　この付録の目的 209
B.2　そもそも「線形」とは 209
B.3　線形変換とアフィン変換 210
　　B.3.1　線形結合 210
　　B.3.2　行列積と線形変換—列空間編 212
　　B.3.3　行列積と線形変換—行空間編 213
　　B.3.4　アフィン変換、平行移動、バイアス項 214

B.4	ノルムと罰則項	215
B.5	線形回帰の最小二乗解を考える	216
B.6	機械学習における「非線形」	219
	B.6.1 非線形の何がうれしいのか？	219
	B.6.2 ニューラルネットワーク	220
	B.6.3 非線形 SVM	222
	B.6.4 再びニューラルネットワーク	225

参考情報 227
索引 231
執筆者・執筆協力者 略歴 235

【本書ご利用の際の注意事項】

- 本書のメニュー表示等は、プログラムのバージョン、モニターの解像度等により、お使いの PC とは異なる場合があります。
- 本書内で使用しているスクリプトやデータにつきましては、オーム社ホームページ（http://www.ohmsha.co.jp）にて、圧縮ファイル（zip 形式）で提供しております。ダウンロードしてご利用ください。
- 本ファイルは、本書をお買い求めになった方のみご利用いただけます。本ファイルの著作権は、本書の編者である株式会社システム計画研究所に帰属します。
- 本ファイルを利用したことによる直接あるいは間接的な損害に関して、著作者およびオーム社はいっさいの責任を負いかねます。利用は利用者個人の責任において行ってください。

第1部

導入編

第1部　導入編では、機械学習を体験するための導入・準備作業を行います。実行環境のインストール方法や各種ソフトウェアの説明を行った後、クイックツアーにより機械学習がどのようなものかを軽く見てみましょう。また、機械学習の様々な側面についても説明しておきます。

第1章 はじめに

1.1 機械学習とは

　皆さんは「学習」という言葉を聞いて何を思い浮かべるでしょうか。学校の先生に教わったこと、教科書や参考書を読んで勉強したこと、経験によって学んだこと、あるいはスポーツの練習を思い浮かべた方もいるかもしれません。「学習」は色々な側面を持つ言葉です。本書の主題である機械学習（machine learning）とは、文字通り機械（主にコンピュータ）による学習を実現しようとする技術です。従来のプログラミングではルールのすべてを人が決めて実装していましたが、機械学習ではそのルールをデータから機械に学ばせるところに特徴があります（図1-1）。

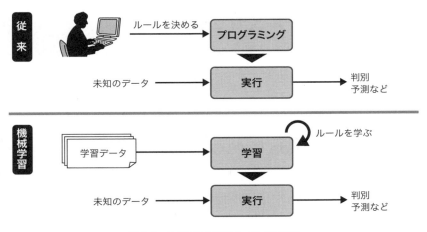

図1-1　従来のプログラミングと機械学習

1.2 Pythonと機械学習

　本書ではプログラミング言語Pythonを使って機械学習を体験し学習していきます。Pythonは海外で人気がある汎用のスクリプト言語です。シンプルで初心者でも扱いやすいにも関わらず、GoogleやFacebookなどの大企業でも使われるなど、適用範囲の広い言語です。機械学習やデータ解析に関連するライブラリの整備も進んでおり、機械学習を学び始めるのに最も適した言語の1つです。機械学習を使っていく場合、設計・実装・テストといった一連の流れが整然と行われることはほぼなく、小さく試行を繰り返しながら進めることが大半です。そのため、素早く試せることが極めて重要です。Pythonは柔軟で扱いやすい言語仕様となっており、この用途に適しています。実行スピードについては静的型付き言語であるC/C++言語に1歩譲りますが、最初に試すまでのスピードは格段に速いので、試行錯誤の段階ではPythonを使うのが有効です。

　日本ではまつもとゆきひろ氏により開発されたRubyが人気ですが、機械学習についてはライブラリの整備度合いの差が大きく、Pythonのほうが有利です。

　データ解析においてはR言語も機械学習系を含め強力で豊富なライブラリを備えています。Rはデータ解析に特化した言語であるためとても使いやすいのですが、処理をシステムとして組み上げるという点ではPythonにはかないません。

　これらを踏まえ、本書ではPythonを利用して機械学習を学んでいきたいと思います。

1.3　インストール&セットアップ

　本書では、Python 3.5上でscikit-learnを中心にNumPy、matplotlib、そしてpandasを使用します。これらは個別にインストーラやpipコマンドを使用してインストールしていくこともできますが、Pythonのオープン・データサイエンス・プラットフォームAnacondaを使うと、一度に構築できます。

● 1.3.1　Anacondaのインストール

　それではAnacondaのインストール方法を説明します。まずはインストーラを公式サイト（https://www.continuum.io/）からダウンロードします（図1-2）。Anacondaインストーラは、Windows、OS XおよびLinuxの各OS用にインストーラが用意されていますので、お使いの環境に合わせて選んでください。また、

本書では Python 3.5 を使用しますので、Python 3.5 版のインストーラをダウンロードしてください。

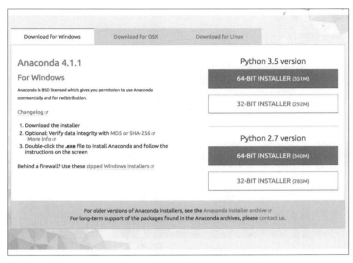

図 1-2　Anaconda ダウンロードページ

インストーラをダウンロードしたら、それを起動し、インストール・ウィザードに従ってインストールしてください（図 1-3）。

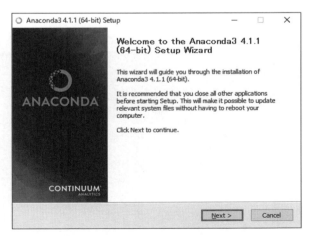

図 1-3　Anaconda インストール・ウィザード

Anacondaをインストールできたら、動作確認をしてみましょう。Windowsならばコマンドプロンプト（OS X、Linuxならばターミナル）を立ち上げ、`python`と入力すると図1-4のような表示になります。

図 1-4 Pythonの起動

　冒頭に表示されるバージョン・メッセージにAnacondaの名前とインストールしたバージョン名が表示されていればOKです。ついでにscikit-learnのimportも試してみましょう。`import sklearn`と入力した後で`sklearn.__version__`と入力すると、scikit-learnのバージョン番号が表示されます（図1-5）。

図 1-5 scikit-learnのimport

ここでエラーが起こらなければ、Anacondaのインストールは成功です。

なお、このPythonの対話モードはquit()と入力するか、WindowsならばCtrl+Z、Enterを、OS XまたはLinuxならばCtrl+Dを入力すると終了します。

1.3.2 Pythonの実行

Pythonの実行はコンソールからでも可能ですが、対話環境や統合環境を使うほうが便利です。Anacondaには以下に説明するいくつかのプログラムが含まれています。最初はそのいずれかを使うのがよいでしょう。

IPython

Pythonを対話的に実行するためのプログラムです（図1-6）。historyやTABによる補完が使えるので、対話環境としては使いやすいと思います。

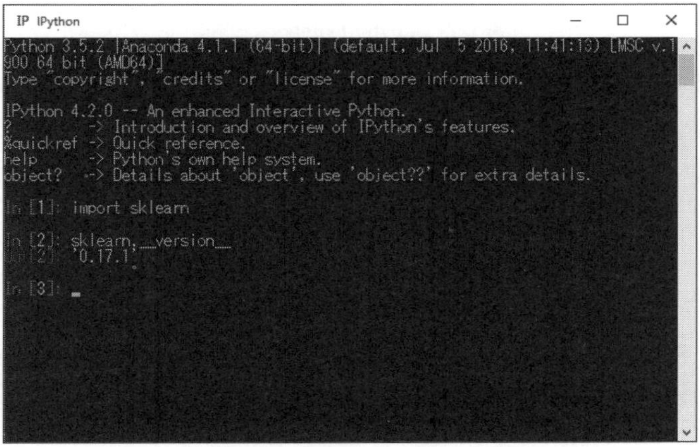

図1-6 IPythonの画面

Jupyter Notebook

ジュパイターもしくはジュピター・ノートブックと読みます。ノートブックと呼ばれる形式でプログラムとその実行結果、ドキュメントなどを管理できる統合環境です（図1-7）。Webブラウザ上で動作します。プログラムの作成や保存はもちろん、実行結果も同時に保存できるので、作業を進めるには便利なツールです。本書の第7章でも使っていますし、本書の執筆当初はこの環境で原稿を書いていたメンバーもいます。

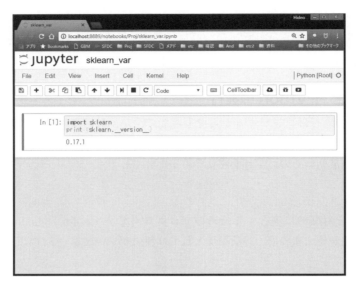

図 1-7 Jupyter Notebook の画面

Jupyter QtConsole

　IPython で開発されていた qtconsole が Jupyter に移ったものだそうです。図をインラインで表示できるなど、GUI ツールとして使いやすいものとなっています（図1-8）。

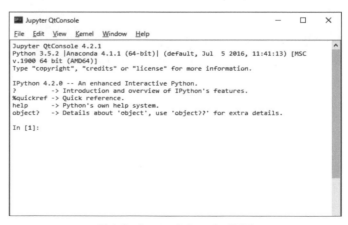

図 1-8 Jupyter QtConsole の画面

Spyder

左側にスクリプトのエディタ、右側に各種情報およびコンソールが表示される統合開発環境です（図1-9）。プログラムの開発にフォーカスする場合は使いやすいツールです。

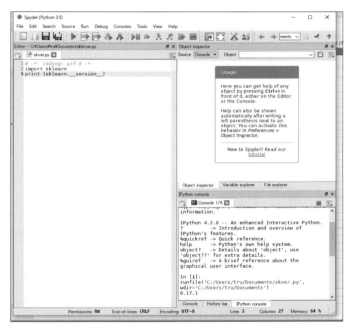

図 1-9 Spyder

1.4 Python早分かり──NumPyとmatplotlib

本書でよく利用するPythonライブラリNumPyとmatplotlibについて簡単に説明をしておきます。NumPyは、Pythonの中でも数値計算全般に非常によく利用されるパッケージです。matplotlibは可視化の場面でよく使われるパッケージで、本書でも計算結果を表示するために利用しています。簡単な使用例を中心に、本書でも利用する関数に絞った内容になります。個々のパッケージの詳しい説明については、公式ページや専門書を参照してください。

1.4.1 NumPy

NumPyはPythonの科学技術計算パッケージです。線形代数、フーリエ変換や乱数など、高等数学の計算を容易に行うことができます。本書では、データの生成や加工で使用しています。

NumPyをインポートする

NumPyを使用するためにはインポートが必要です。しばしばnpという別名を与えてインポートします。

```
>>> import numpy as np
```

指定した大きさの配列を生成する

NumPyでは、基本的なデータ構造として、N次元の配列を意味する`numpy.ndarray`クラスのオブジェクトを利用します。ndarrayの初期化の方法は複数存在しますが、よく使われるのは次の2つです。

- **形状と要素のデータ型を指定し、すべての要素に値を埋めて初期化する**

```
numpy.zeros(shape, dtype=None)
```

この方法によって大きな行列に予めメモリを割り当てておくと、効率的に要素の追加を行うことができます。shapeには整数のタプルを与えます。Pythonにおけるタプルとは、任意の型の変数の組を1つの変数にまとめる型です。例えば、(3, "a", 0.1)と記述すると、3つの変数の組が1つの変数扱いになります。丸括弧は文法上必須ではなく、カンマ区切りされた変数は1つのタプルとして解釈されます。ただし、演算子の優先順位の関係上、丸括弧を付けたほうが間違いは起きにくいです。ある1つの変数xを要素に持つタプルは、(x)ではなく(x,)と書きます。括弧を省略したx,でもタプルになります。

タプルをshapeとして与える場合、各要素が配列の次元に対応します。例えば3×2×4の3次元配列を作るにはshape=(3, 2, 4)と指定します。dtypeには要素のデータ型を指定します。デフォルトの値Noneを指定すると、`numpy.float64`もしくは`numpy.int32`になります。

埋める要素を1にしたいときは、numpy.ones() メソッドを利用します。

● **配列の要素を指定して生成する**

```
numpy.array(object, dtype=None, copy=True, order=None,
subok=False, ndmin=0)
```

ndarray の要素にしたい値がすでに別の型のオブジェクトのイテラブル（リストや辞書など）として存在する場合はこちらを利用します。object 以外の引数はほとんどの場合指定しなくて大丈夫です。

```
>>> # (3,)の配列 ((3, 1)や(1, 3)ではないことに注意)
>>> x = np.array([1, 2, 3])
>>> print(x)
[1 2 3]

>>> # (2,3)の配列
>>> A = np.array([[1, 2, 3], [4, 5, 6]])
>>> print(A)
[[1 2 3],
 [4 5 6]]
```

作成した配列の形とデータ型は、それぞれ shape、dtype アトリビュートで取得できます。

```
>>> print(A.shape)
(2, 3)
>>> print(A.dtype)
int32
```

要素へのアクセス

ndarray の要素には [ ] を使ってアクセスできます。Python の多重リストとは異なり、1つの [ ] にタプルとしてすべての添字を入力できます。2次元の場合は行列と同じで、行、列の順に添字を指定することになります。添字は Python のリストと同じく0から始まります。

```
>>> # 1つの要素にアクセス（1行2列の要素）
>>> print(A[1, 2])
6
```

添字の一部を省略した場合、残りの次元の要素がすべて抜き出されます。

```
>>> # 0番目の要素にアクセス（0行目をすべて取り出す）
>>> print(A[0])
[1 2 3]
```

Python の配列と同じく、: を使った記法（スライシング）も利用できます。

```
>>> print(A[:, 0:1])   # 2次元配列のまま (2, 1)
[[1]
 [4]]
>>> print(A[:, 0])     # 1次元配列になる (2,)
[1 4]
```

転置を取る

numpy.ndarray.T を利用して、転置を取った配列を取得できます。2次元に限らず利用でき、次元は元の配列の逆順になります。

```
>>> # 2次元配列の転置
>>> print(A.T)
[[1 4]
 [2 5]
 [3 6]]
>>> # shapeも変更される
>>> print(A.T.shape)
(3, 2)
>>> # 3次元配列を作成
>>> B = np.array([[[1, 2], [3, 4], [5, 6]]])
>>> print(B)
[[[1 2]
  [3 4]
  [5 6]]]
>>> # 3次元配列の転置
```

```
>>> print(B.T)
[[[1]
  [3]
  [5]]

 [[2]
  [4]
  [6]]]
>>> # shapeは逆順になる
>>> print(B.shape)
(1, 3, 2)
>>> print(B.T.shape)
(2, 3, 1)
```

形状を変える

`numpy.ndarray.reshape()` メソッドを利用すると、要素数が変わらない範囲で、ndarray の形状を変更することができます。

```
>>> # (2, 3) -> (1, 6) に変形
>>> print(A.reshape(1, 6))
[[1 2 3 4 5 6]]

>>> A.reshape(1, 7)   # 要素数が一致しないためエラー
Traceback (most recent call last):
  File "<stdin>", line 1, in <module>
ValueError: total size of new array must be unchanged
```

配列の連結

`numpy.r_` オブジェクトに [ ] を使うと、0 番目の次元について結合できます（r は row ＝行の意味）。`numpy.c_` なら 1 番目（column ＝列）についての連結になります。2 次元目以降の連結には `numpy.concatenate()` メソッドを利用します（例は割愛します）。

```
>>> B = np.ones((2, 3))    # Aと同じサイズの配列
>>> print(np.r_[A, B])     # 行について連結
[[ 1.  2.  3.]
 [ 4.  5.  6.]
```

```
 [ 1.  1.  1.]
 [ 1.  1.  1.]]
>>> print(np.c_[A, B])    # 列について連結
[[ 1.  2.  3.  1.  1.  1.]
 [ 4.  5.  6.  1.  1.  1.]]
```

結果のデータ型は大きいほう（この場合 B.dtype=np.float64）に一致します。
上の例では全く同じサイズの配列を連結していますが、連結する次元の長ささえ一致していれば同様の操作が行えます。

四則演算

形状が同じ ndarray 同士には四則演算が適用できます。その結果は要素ごとの四則演算になります。データ型はやはり大きいほうに一致します。

```
>>> print(A + B)   # 和
[[ 2.  3.  4.]
 [ 5.  6.  7.]]
>>> print(A - B)   # 差
[[ 0.  1.  2.]
 [ 3.  4.  5.]]
>>> print(A * B)   # 積
[[ 1.  2.  3.]
 [ 4.  5.  6.]]
>>> print(B / A)   # 商
[[ 1.          0.5         0.33333333]
 [ 0.25        0.2         0.16666667]]
```

* を使っても行列積にはならないことに注意してください。行列積を取るには numpy.dot(A, B)、または A.dot(B) とします。

四則演算では配列のサイズが完全には一致しなくても、片方の次元の長さが 1 または 0 の場合、同じ値によって自動的にサイズ拡張されてから計算されます。

```
>>> # Aと(1, 3)の配列Cの和
>>> C = np.array([[1, 2, 3]])
>>> print(C)
[[1 2 3]]
```

```
>>> print(A + C)   # Cの次元は拡張される
[[ 2  4  6]
 [ 5  7  9]]

>>> # Aと(3,)の配列cの和
>>> c = np.array([1, 2, 3])
>>> print(A + c)   # (3,) -> (1, 3) -> (2, 3)と拡張される
[[ 2  4  6]
 [ 5  7  9]]
```

1.4.2　matplotlib

　matplotlibはPythonの様々なグラフの描画を可能にするライブラリです。折れ線グラフや散布図などに対して、詳細に表示設定をすることが可能です。本書では、学習結果をグラフ表示する際に用いています。

　ここでは、実際に描画してご紹介します。

```
# 各方程式を設定するためにNumPyをインポート
import numpy as np
# matplotlibのpyplotをpltでインポート
import matplotlib.pyplot as plt

# x軸の領域と精度を設定し、x値を用意
x = np.arange(-3, 3, 0.1)
# 各方程式のy値を用意
y_sin = np.sin(x)
x_rand = np.random.rand(100) * 6 - 3
y_rand = np.random.rand(100) * 6 - 3

# figureオブジェクトを作成
plt.figure()

# 1つのグラフで表示する設定
plt.subplot(1, 1, 1)

# 各方程式の線形とマーカー、ラベルを設定し、プロット
## 線形図
plt.plot(x, y_sin, marker='o', markersize=5, label='line')
```

```
## 散布図
plt.scatter(x_rand, y_rand, label='scatter')

# 凡例表示を設定
plt.legend()
# グリッド線を表示
plt.grid(True)

# グラフ表示
plt.show()
```

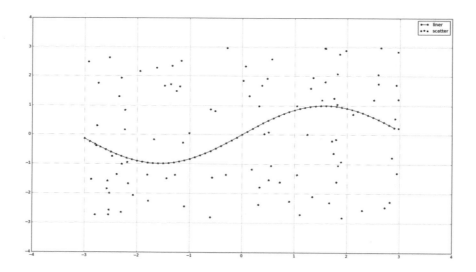

1.5　クイックツアー

　それでは皆さんをPythonによる機械学習のクイックツアーにご招待します。内容は機械学習の代表的な課題である「分類」と「回帰」と「クラスタリング」を手早く体験するものです。詳しい説明は後ほど行いますので、細部に拘らずに流れを確認してください。本書を読み終わるころには、ここでやっている内容がよく理解できようになるでしょう。

　スクリプトはサポートサイトの1.5-quick_tour.pyにあります。スクリプトを見ながら説明してきます。

1.5.1 課題とデータ

こんな課題

- 「分類」問題とは与えられたデータから分類（クラス）を予測する問題です。正解データから分類のルールを学び、未知のデータに対しても分類ができるようになることを目指します。各分類をラベルと表現することもあります。
- 「回帰」問題とは与えられたデータから数値を予測する問題です。分類問題と同様、正解データからルールを学び、未知のデータに対しても対応する数値を予測できるようになることを目指します。
- 「クラスタリング」とはデータの性質に従って、データの塊（クラスタ）を作る技術です。データの性質に着目し、正解を必要としません。

こんなデータ

- 話を簡単にするために、2次関数（$y = x^2$）のデータとします。ただし、yの値にノイズが乗っているものとします。ここでは2次曲線を表示していきますが、実際の環境の多くではノイズ込みのデータしか得られないことに注意してください。
- 分類問題ではデータを2つのクラスに分けます。今回は原点からの距離が近い/遠いで2つに分けます。また、学習のためのデータと得られた分類器の性能を測るためのテストデータとの分離が必要です（学習データでは得られた分類器の性能を計測することはできません。その理由は第3章で説明します）。
- 回帰問題では学習データとテストデータの分離のみ行います。ここの入力値に対して予測値を出すのでクラス分けは不要です。
- クラスタリングでは元データをそのまま使用します。

1.5.2 データの準備

早速データを準備しましょう。

```
1  ########################################
2  #### データの準備
3
4  import matplotlib.pyplot as plt
```

```python
import numpy as np

### 各種定義

# x軸の定義範囲
x_max = 1
x_min = -1

# y軸の定義範囲
y_max = 2
y_min = -1

# スケール、1単位に何点を使うか
SCALE = 50

# train/testでTestデータの割合を指定
TEST_RATE = 0.3


### データ生成

data_x = np.arange(x_min, x_max, 1 / float(SCALE)).reshape(-1, 1)

data_ty = data_x ** 2  # ノイズが乗る前の値
data_vy = data_ty + np.random.randn(len(data_ty), 1) * 0.5  # ノイズを乗せる


### 学習データ/テストデータに分割（分類問題、回帰問題で使用）

# 学習データ/テストデータの分割処理
def split_train_test(array):
    length = len(array)
    n_train = int(length * (1 - TEST_RATE))

    indices = list(range(length))
    np.random.shuffle(indices)
    idx_train = indices[:n_train]
    idx_test = indices[n_train:]

    return sorted(array[idx_train]), sorted(array[idx_test])
```

```
45
46  # インデックスリストを分割
47  indices = np.arange(len(data_x))   # インデックス値のリスト
48  idx_train, idx_test = split_train_test(indices)
49
50  # 学習データ
51  x_train = data_x[idx_train]
52  y_train = data_vy[idx_train]
53
54  # テストデータ
55  x_test = data_x[idx_test]
56  y_test = data_vy[idx_test]
57
58
59  ### グラフ描画
60
61  # 分析対象点の散布図
62  plt.scatter(data_x, data_vy, label='target')
63
64  # 元の線を表示
65  plt.plot(data_x, data_ty, linestyle=':', label='non noise curve')
66
67  # x 軸 / y 軸の範囲を設定
68  plt.xlim(x_min, x_max)
69  plt.ylim(y_min, y_max)
70
71  # 凡例の表示位置を指定
72  plt.legend(bbox_to_anchor=(1.05, 1), loc='upper left',
    borderaxespad=0)
73
74  # グラフを表示
75  plt.show()
```

4-5 行目は、今回使用するモジュールをインポートしています。

7-21 行目は、今後使う定数・パラメータを定義しています。

24-29 行目は、データを生成しています。

34-44 行目は、分類と回帰で使う学習データとテストデータを分離する関数です。

46-56 行目は、学習データとテストデータの用意をしています。

data_x は x の値を保存します。

data_ty には x の 2 乗の値を入れます。ノイズが乗る前の値です。

data_vy にノイズを乗せた値を保存します。

以降は可視化のコードです。

実行すると図 1-10 のような図が表示されます。●が今回使用する点で、点線はノイズが乗らない場合の元の曲線を表します。乱数を使用していますので、実行するたびに点の位置は変わります。

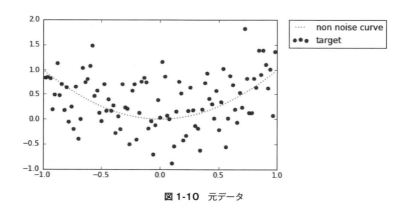

図 1-10　元データ

1.5.3　分類問題

では機械学習による分類を行ってみましょう。用意したデータを原点から近い/遠いで2つのクラスに分け、さらに学習データとテストデータの計4種類に分割します。近い/遠いの両方の学習データで学習し、テストデータで分類器の性能を見ます。

```
78  ########################################
79  #### 分類問題
80
81  ### 分類ラベル作成
82
83  # クラスの閾値。原点からの半径
84  CLASS_RADIUS = 0.6
85
86  # 近い/遠いでクラス分け -- 近いと True、遠いと False
```

```python
 87  labels = (data_x**2 + data_vy**2) < CLASS_RADIUS**2
 88
 89  # 学習データ/テストデータに分割
 90  label_train = labels[idx_train]    # 学習データ
 91  label_test = labels[idx_test]      # テストデータ
 92
 93
 94  ### グラフ描画
 95
 96  # 近い/遠いクラス、学習/テストの4種類の散布図を重ねる
 97
 98  plt.scatter(x_train[label_train], y_train[label_train],
     c='black', s=30, marker='*', label='near train')
 99  plt.scatter(x_train[label_train != True], y_train[label_train !=
     True], c='black', s=30, marker='+', label='far train')
100
101  plt.scatter(x_test[label_test], y_test[label_test], c='black',
     s=30, marker='^', label='near test')
102  plt.scatter(x_test[label_test != True], y_test[label_test !=
     True], c='black', s=30, marker='x', label='far test')
103
104  # 元の線を表示
105  plt.plot(data_x, data_ty, linestyle=':', label='non noise curve')
106
107  # クラスの分離円
108  circle  = plt.Circle((0,0), CLASS_RADIUS, alpha=0.1, label='near
     area')
109  ax = plt.gca()
110  ax.add_patch(circle)
111
112  # x 軸 / y 軸の範囲を設定
113  plt.xlim(x_min, x_max)   # x軸の範囲設定
114  plt.ylim(y_min, y_max)   # y軸の範囲設定
115
116  # 凡例の表示位置を指定
117  plt.legend(bbox_to_anchor=(1.05, 1), loc='upper left',
     borderaxespad=0)
118
119  # グラフを表示
120  plt.show()
121
```

87行目で近い/遠いでクラス分けを行っています。

90-91行目でそれぞれのクラスのデータを学習とテストに分割しています。**98行目以降**は可視化のコードです。

実行すると図1-11のようなグラフになります（データにランダムなノイズを乗せているので、点の位置は実行のたびに異なります）。

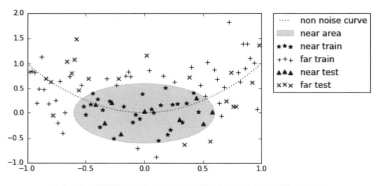

図1-11　分類問題用データ（クラス分けと学習/テストデータ分け）

それでは分類を実行しましょう。

```
123  ### 学習
124
125  from sklearn import svm
126  from sklearn.metrics import confusion_matrix, accuracy_score
127
128  data_train = np.c_[x_train, y_train]
129  data_test = np.c_[x_test, y_test]
130
131  # SVMの分類器を作成、学習
132  classifier = svm.SVC(gamma=1)
133  classifier.fit(data_train, label_train.reshape(-1))
134
135  # Testデータで評価
136  pred_test = classifier.predict(data_test)
137
138  # Accuracyを表示
```

```
139  print('accuracy_score:\n', accuracy_score(label_test.reshape(-1),
     pred_test))
140
141  # 混同行列を表示
142  print('Confusion matrix:\n', confusion_matrix(label_test.
     reshape(-1), pred_test))
143
```

125-126 行目は、新たに使うモジュールをインポートしています。

128-129 行目では [x, y] の組み合わせからなる学習データおよびテストデータの配列を作成しています。

132 行目では SVM というアルゴリズムの分類器のインスタンスを作成しています。

133 行目が学習の部分です。

136 行目は分類器によるテストデータの予測です。

139 行目は分類器の性能として Accuracy と呼ばれるテストデータ全体における正解の割合を出力します。

142 行目で混同行列と呼ばれる分類結果を出力します。

　出力結果の例は以下の通りです（グラフ同様、データにランダムなノイズが乗っているので、結果の数値は実行のたびに変わります）。accuracy_score（正答率）と Confusion matrix（混同行列）に関しては第 3 章で説明します。

```
accuracy_score:
0.966666666667
Confusion matrix:
[[20  1]
 [ 0  9]]
```

1.5.4　回帰問題

　次に回帰を試します。ここでは 1 次元（直線）、2 次元、9 次元の多項式で回帰させてみます。

```
145  #######################################
146  #### 回帰問題
```

```python
from sklearn import linear_model


### 1 次式で回帰

# x 値
X1_TRAIN = x_train
X1_TEST  = x_test

# 学習
model = linear_model.LinearRegression()
model.fit(X1_TRAIN, y_train)

# グラフに描画
plt.plot(x_test, model.predict(X1_TEST), linestyle='-.',
    label='poly deg 1')


### 2 次式で回帰

# x 値
X2_TRAIN = np.c_[x_train**2, x_train]
X2_TEST  = np.c_[x_test**2, x_test]

# 学習
model = linear_model.LinearRegression()
model.fit(X2_TRAIN, y_train)

# グラフに描画
plt.plot(x_test, model.predict(X2_TEST), linestyle='--',
    label='poly deg 2')


### 9 次式で回帰

# x 値
X9_TRAIN = np.c_[x_train**9, x_train**8, x_train**7, x_train**6,
    x_train**5,
                 x_train**4, x_train**3, x_train**2, x_train]
```

```
184  X9_TEST  = np.c_[x_test**9, x_test**8, x_test**7, x_test**6, x_
     test**5,
185                  x_test**4, x_test**3, x_test**2, x_test]
186  # 学習
187  model = linear_model.LinearRegression()
188  model.fit(X9_TRAIN, y_train)
189
190  # グラフに描画
191  plt.plot(x_test, model.predict(X9_TEST), linestyle='-',
     label='poly deg 9')
192
193
194  ### データの表示
195
196  plt.scatter(x_train, y_train, c='black', s=30, marker='v',
     label='train')
197  plt.scatter(x_test, y_test, c='black', s=30, marker='x',
     label='test')
198
199  # 元の線を表示
200  plt.plot(data_x, data_ty, linestyle=':', label='non noise curve')
201
202  # x 軸 / y 軸の範囲を設定
203  plt.xlim(x_min, x_max)
204  plt.ylim(y_min, y_max)
205
206  # 凡例の表示位置を指定
207  plt.legend(bbox_to_anchor=(1.05, 1), loc='upper left',
     borderaxespad=0)
208
209  # グラフを表示
210  plt.show()
```

148 行目で新たに使うモジュールをインポートしています。

151 行目以降は、1、2、9 次元多項式での回帰学習を行いながら可視化しています。

実行結果は図 1-12 の通りです。1 次式は直線、2 次式は元の線と近い形になっていて、9 次式はむしろ違いが多くなっています。詳しくは第 4 章で説明します。

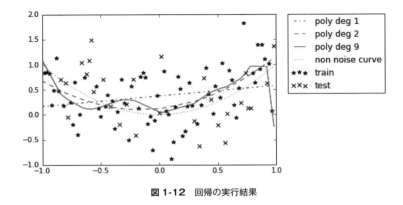

図1-12 回帰の実行結果

1.5.5 クラスタリング

次にクラスタリングを実行します。クラスタリングでは学習とテストは意味をなしませんので、区別せず使用します。またデータ作成時に分類は使用せず、データのみからクラスタを作成します。

```
213  #########################################
214  #### クラスタリング
215
216  from sklearn import cluster
217
218  # x, y データを結合
219  data = np.c_[data_x, data_vy]
220
221  # 3つのクラスタに分類
222  model = cluster.KMeans(n_clusters=3)
223  model.fit(data)
224
225  # data の分類結果 (0 ～ (n_clusters - 1) の番号が付けられている)
226  labels = model.labels_
227
228  plt.scatter(data_x[labels == 0], data_vy[labels == 0], c='black',
     s=30 marker='^', label='cluster 0')
229  plt.scatter(data_x[labels == 1], data_vy[labels == 1], c='black',
     s=30 marker='x', label='cluster 1')
```

```
230  plt.scatter(data_x[labels == 2], data_vy[labels == 2], c='black',
     s=30 marker='*', label='cluster 2')
231
232  # 元の線を表示
233  plt.plot(data_x, data_ty, linestyle=':', label='non noise curve')
234
235  # x 軸 / y 軸の範囲を設定
236  plt.xlim(x_min, x_max)
237  plt.ylim(y_min, y_max)
238
239  # 凡例の表示位置を指定
240  plt.legend(bbox_to_anchor=(1.05, 1), loc='upper left',
     borderaxespad=0)
241
242  # グラフを表示
243  plt.show()
```

216 行目は新たなモジュールをインポートしています。

219 行目で [x, y] の組み合わせからなるデータを作成し、**223 行目**でクラスタリングを実行しています。クラスタ数は 3 です。

226 行目でクラスタリング結果のラベルを抜き出しています。

228 行目以降が可視化のコードです。

　実行結果は図 1-13 の通りです。3 つのクラスタが作られていることが分かります。詳しくは第 5 章で説明します。

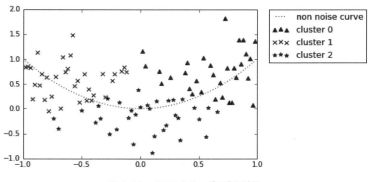

図 1-13　クラスタリングの実行結果

# 深層学習って何だ？

深層学習・AI・機械学習

最近にわかに AI や人工知能の報道を目にする機会が増えました。同じような文脈で、深層学習（Deep Learning）という言葉も見かけます。深層学習とは何でしょうか？

深層学習は、機械学習の 1 つであるニューラルネットワークの一種です。「ニューラルネットワーク」という単語を懐かしいと思われる方も多いかもしれません。そう、「ニューラルネットワーク」は 1950 年代から研究されてきた技術で、ベテランの方では学生時代に研究していた、使っていたという方もいらっしゃるかもしれません。これまで 2 回起こってきた人工知能ブームの中核技術の 1 つであり、ブームと冬の時代をくぐり抜け、現在新たなブームを巻き起こしています。

ニューラルネットワークの興亡

ニューラルネットワークとは、「ニューラル」という名前の通り、生物の神経細胞（ニューロン/neuron）をモデル化した機械学習アルゴリズムです。1940 年代にはこうしたモデルが提案され、1950 年代には本格的に機械学習として研究されてきた、機械学習の世界ではかなりの古株なアルゴリズムです。

当初研究されたのは（単純）パーセプトロン[注1]と呼ばれる入力層・中間層・出力層の 3 層からなるネットワークでした。これは 1960 年代に大きなブームを引き起こしましたが、1969 年に人工知能の父とも言うべきマービン・ミンスキーが発表した著書『パーセプトロン』で、パーセプトロンは線形分離不可能な問題を原理的に解けないことが指摘され、第 1 期のブームは終息してしまいました。線形分離不可能な問題は論理演算における排他的論理和も含まれる基本的な部分でしたので、期待が大きかっただけに幻滅も大きかったのでしょう。ただし、中間層を 2 層にすれば線形分離不可能な問題も解けますので、これは少々誤解という側面もあったと思われます。

ニューラルネットワークの層を多層にするアイデアはかなり早い時期からありましたが、その学習方法が定まってくるのは 1986 年に発表されたデビッド・ラメル

注1 パーセプトロンは後に多層化されます。多層パーセプトロンと区別する形で、当初提案された中間層 1 層のパーセプトロンは単純パーセプトロンと呼ばれるようになりました。

ハート、ジェフリー・ヒントン、ロナルド・J・ウィリアムスらによる誤差逆伝搬法（バックプロパゲーション/Backpropagation）の研究を待たなくてはなりませんでした。誤差逆伝搬法により多層での学習が可能になり、ニューラルネットワークは再び注目を集めました。この時期、有意義な進歩はありましたし、郵便番号読み取りのような実用例も生まれましたが、「過学習が発生しやすい」点や「ハイパーパラメータの調整が非常に難しく職人芸のようになってしまう」といったことから、より調整が容易で性能も高いサポートベクターマシンなど、別の機械学習的手法に流行が移っていきました。1990年代から2010年代はニューラルネットワークにとっては冬の時代でした。

深層学習の発見

深層学習の直接の源流は、2006年にジェフリー・ヒントンが発表した積層自己符号化器（stacked autoencoder）を多層ニューラルネットワークの事前学習に使った研究と言われています。その後、学習の工夫とも言えるDropoutや活性化関数ReLUが発見されたことで、複数の隠れ層を持つニューラルネットワークを現実的な計算量で学習できるようになりました。

深層学習が一般に知られるようになったのは2012年でしょう。大規模な画像認識のコンテストであるILSVRC（ImageNet Large Scale Visual Recognition Challenge）において、ジェフリー・ヒントンらのトロント大チームが圧倒的な優勝を収めました。当時、ILSVRCの成績は頭打ちとなっており、認識率の改善は1年につき1%程度でした。そんな中、トロント大チームは9%もの改良を果たし、周囲を驚かせたのです。また同年にGoogleが発表した、深層学習により教えられることなく猫を認識できるようになったというニュースは、一般の人たちにも深層学習の威力を周知するニュースとなりました。この「Googleの猫」は、YouTubeにアップロードされている大量の動画を使って1週間あまり深層学習で学習させた結果、猫とは何かを教えていないにも関わらず、猫に反応するニューロンができたというものです。機械が自ら学んだ例として耳目を集めました。

深層学習におけるネットワーク

深層学習とは多層のニューラルネットワークを使った機械学習です。2012年のILSVRCで優勝したトロント大チームのネットワークAlexNetは8層でした。

2014年優勝のGoogLeNetは22層、2015年優勝のResidual Netで152層、2016年の最新の研究では1,000層あまりのネットワークを収束させたと発表されています。ネットワークの形も色々と提案されています。

- 入力層から出力層への一方方向にデータを流し、層の間のみ全ニューロンを結合するネットワーク。最も素朴な形のニューラルネットワークです。

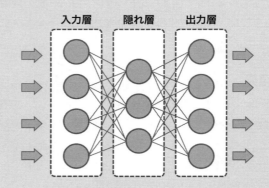

- 人の視神経から発想を得た畳み込みニューラルネットワーク（convolutional neural network/CNN）。入力層から出力層への一方方向にデータを流し、層の間のみ結合する点は上と同じですが、結合方法に畳み込みを導入した点が重要です。上で説明した素朴なニューラルネットワークよりパラメータ数が減っており、多層にしても収束が容易になっています。画像処理によく使われ、成功してきたネットワークです。
- 時系列の影響も加味した学習を実現するため、層の間の流れにループを導入したRNN（recurrent neural network）。特に過去の情報の影響をコントロールするようにしたLSTM（Long short-term memory）がよく使われます。RNN系のネットワークは、言語のように前後の継続性が重要なデータや、動画のように時系列性を有するデータの分析によく利用されます。

現在でも新しいネットワークが次々と提案されています。今後どのようなネットワークが出てくるかが楽しみです。

深層学習と特徴量

　機械学習において、対象データの特徴を捉える「特徴量」の導入は極めて有効な手段です。実際第6章の手形状分類において、HOG 特徴量の導入により分類性能が大きく向上することを見ることができます。深層学習の導入以前は、この特徴量の導入と調整は人手で行っていました。深層学習の登場でこの状況は一変しました。深層学習は学習データから特徴量そのものを学習できるようになったのです。

　最適な特徴量は、課題ごとに異なります。深層学習は学習データから特徴量を取り出すための仕組みを獲得しますので、常に問題に適した前処理を行っていることになります。画像判別などの多くのタスクで、深層学習が既存の機械学習手法を上回ったのは、適切な特徴量を獲得できた点が大きく貢献しています。この特徴量の獲得は、機械学習の歴史における最大のブレークスルーだ、と言う研究者もいるほどです。

　ただし、深層学習ではデータのみから最適な特徴量を獲得するため、学習に膨大なデータが必要になるという欠点もあります。研究者の長年の研究を超える前処理を学習する必要があるわけですから、仕方がないところではあります。

深層学習を使う

　深層学習を自分のパソコンで実際に使ってみるためのヒントを説明しましょう。深層学習は、他の機械学習手法より圧倒的に多くの計算量を必要とします。少しだけ試してみる程度なら通常のパソコンの CPU でも可能ですが、通常は NVIDIA のグラフィックカード（GeForce/Quadro）や数値計算用ハードウェアの Tesla を使います。

　まずは、Google が深層学習の説明のために公開している Web アプリケーションがあります。こちらで遊んでみるだけでも、深層学習がどのような原理で動いているかを知って楽しむことはできます。

http://playground.tensorflow.org/

　パソコンで深層学習を扱うには、何らかのミドルウェアを使うことが一般的です。機械学習で scikit-learn を使うように、深層学習向けには Caffe、Chainer、TensorFlow、CNTK、Theano、Torch、…など、数多くのミドルウェアが公開されています。少し前までは Caffe がよく使われていましたが、新興の Chainer、TensorFlow

も人気があります。筆者の経験上、プログラミングができる方が色々なネットワークを試したいという場合はChainerが最も扱いやすいと思います。ChainerはPreferred Networksが開発を主導している国産ミドルウェアです。何しろ国産なので日本語版のメーリングリストに開発メンバーが直接コメントしています。

　Chainerは`pip install chainer`でインストールできるはずですが、環境によってはsetuptoolsのエラーが出ることがあります。その場合は、`pip install --upgrade -I setuptools`で解決できます。Chainerの詳しい使い方は本書の領域を超えますので、Chainerの専門書を参照してください。

　Chainerとscikit-learnを連携させることも可能です。本書の執筆者も改良に関わっているxchainer[注2]や、scikit-chainerといったモジュールを組み合わせてください。

注2　残念ながらまだまだマイナーなので情報は少なめです。何かあれば当社システム計画研究所まで直接お問い合わせください。

第2章
機械学習の様々な側面

　機械が学習する「機械学習」、分かるようで分からない言葉です。「機械学習」は様々な方面から進められてきたこともあって特有の概念や用語が多く、そのイメージをつかむのは簡単ではありません。ここでは実際に機械学習を体験する前に、機械学習の状況の様々な側面を見ておきます。

　すぐに機械学習を触りたい方はこの章をスキップしていただいて構いません。ただし、どこかのタイミングで本章も見ておくと、機械学習という分野の理解が深まると思います。

2.1 機械学習をとりまく環境

　機械学習の歴史は比較的古く、1950年代から人工知能と関連しながら研究が進められてきました。何度かブームと冬の時代を繰り返してきましたが、近年再び大きく注目を集めています。その背景としてはITの進展とデータの蓄積が大きいと考えられています（図2-1）。

　機械学習ではデータから学ぶので、その真価を発揮させるには以下の2つが不可欠です。

- データの蓄積
- 分析するための計算能力

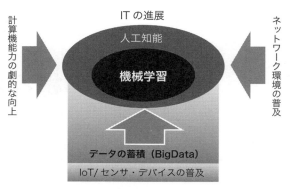

図 2-1 機械学習をとりまく環境

　ITの進展、すなわち計算能力の劇的な向上やネットワーク環境の普及はこうしたことを解決しました。ストレージ容量の増加やクラウドの整備、IoT（Internet of Things）やスマートフォン、センサ類の普及により、膨大なデータが蓄積されるようになってきました。かつては計算しきれなかったアルゴリズムも、今は容易に実行できるようになっています。今の世の中の環境は、機械学習に適したものになっていると言えるでしょう。

2.2　関連分野

　機械学習に関連する代表的な分野を挙げてみましょう（図2-2）。

図 2-2 機械学習の関連分野

機械学習は人工知能研究と関連して発展してきました。機械学習は人工知能を実現するための「手法」であるのに対し、人工知能は人工的に知能を生み出すという、より抽象度の高い哲学的な意味を含めて呼ばれることが多いです。

人工知能へのアプローチには、生物学的な事象をヒントにしたものもあります。神経モデルをベースにニューラルネットワークを設計したり、生物学的な学習理論が機械学習に適用されたりと、手法を開発していくヒントとして使われています。遺伝的アルゴリズムや群知能の考えもこれに近いでしょう。

機械学習はより具体的にはコンピュータによる実現ですので、その基礎は計算機科学と数学にあります。特に計算機科学は直接的な実現に寄与しています。パターン認識はもはや機械学習との差を見出すことは難しいほどです。コンピュータビジョンは機械学習とは異なる意味を持ちますが、人間の情報処理は視覚に大きく依存していることもあり、強く関連しています。機械学習のアルゴリズムによっては多大な計算機リソースを使うことがあり、この場合は並列計算が使用されます。

機械学習の理論的背景は数学によるところが大きいです。機械学習のアルゴリズムの多くは、ある種の関数の最適問題として定式化されています。また、現在の機械学習は対象事象の統計的な偏りを見ますので、統計や確率論もその基礎に置かれています。

計算機科学と数学の接点とも言うべき情報理論も、機械学習に大きく寄与しています。

2.3　学習法による分類

1.1 節で説明した通り、機械学習の本質はデータからルールを学ぶ点にあります。また、一般に「学習」が色々な側面を持つことも見てきました。ここでは機械学習の分野における学習方法の観点で手法を分類してみます。

- **教師あり学習**

    学習時のデータ1つ1つに正解を与え、その規則性を学ぶ学習方法です。学習の結果、未知のデータに対しても適切な分類や数値を出力できるようになることを目指します。学習データのデータそれぞれに対して正解（分類や数値）が付いている必要があるので、学習データを用意するには手間がかかり

ます。実務上は学習データを揃えるに苦慮することも多いです。ただし手間がかかるとはいえ、何を正解とするかが明確であるため、求めるものの意図を反映させやすいというメリットはあります。

- **教師なし学習**

  正解情報がないデータのみで学習します。正解が不要でデータがあればよいだけですので、学習データを集めやすいという利点があります。正解が分からない段階でも使用できるため探索的作業のときに使えます。教師あり学習やデータ処理の事前処理、中間処理で使われる場合もあります。

- **半教師あり学習**

  教師あり学習は正解付きの学習データを揃えるのが大変です。一方、教師なし学習では正解が不要でデータは集めやすいですが、求めるものの意図を反映させる方法がほとんど、あるいは全くありません。そのため大量の正解が付加されていないデータに少量の正解付きデータで学習を進める半教師あり学習という考え方もあります。研究は進んでいますが、まだ定番と言えるほどの手法は確立されていません。

- **強化学習**

  システムの行動選択の結果、環境から報酬を得て行動を改善する枠組みで、試行錯誤により環境に適応しようとする学習です。1つ1つの入力に正解があるわけではないので教師あり学習そのものではありませんが、改善の手掛かりを報酬の形で受け取りますので教師なし学習でもありません。元々は心理学における動物の学習実験や制御工学における最適制御理論が基礎になっており、ロボット制御で使われることが多い手法です。また、1つ1つの選択に正解/不正解を決めることができなくとも一連の動作の結果により学習できるため、対戦ゲームにおける学習に適用させる場合もあります。

2.4　手法や課題設定による分類

1.5節のクイックツアーでも触れましたが、機械学習における手法や課題設定による分類を改めて見てみましょう。

- **分類問題**

  データを分類する教師あり学習の問題です。学習データから分類基準を学習

し、未知のデータに対して適切な分類ができるようになることを目指します。
- **回帰問題**
  数値を予測する教師あり学習の問題です。学習段階で入力と正解値との関係を学習し、未知の入力値に対しても適切な値を予測できるようになることを目指します。
- **クラスタリング**
  データからクラスタを作成する教師なし学習の問題です。正解がないところでも使用できますので、探索的なフェーズで使われることが多いです。データの前処理、中間処理でも利用されることがあります。

2.5 応用例

ここでは機械学習の代表的な応用例を紹介します。

- **迷惑メールフィルタ**
  現在の E-mail は迷惑メールが非常に多く、迷惑メールをフィルタリングする手段がないと実用的ではなくなってきています。送信元ドメインなどを指定してフィルタするだけでなく、機械学習による迷惑メールフィルタも数多く実装されています。迷惑メールフィルタはベイズ統計学を基礎とした実装が多いですが、実際の迷惑メールの傾向から判断基準を決めるという観点に立てば機械学習の応用例と言えるでしょう。
- **クレジットカード不正検知**
  クレジットの利用履歴から不正利用を検知します。ルールも併用されているようですが、機械学習の手法も適用されています。
- **顔検出**
  デジタルカメラや各種ソフトウェアで実現されている顔検出ですが、ここでも機械学習が使用されることが多いです。
- **文字認識**
  ナンバープレートや郵便番号、より一般的には光学文字認識（Optical Character Recognition/OCR）などの文字の認識でも機械学習が利用されています。ナンバープレートのようにある程度類型化されている対象であれば画像処理とパターンマッチングによる方法がとられることが一般的ですが、

機械学習で実現している例も多数あります。

- **会話処理**

  Appleの「Siri」や日本マイクロソフトが開発している会話ボット「りんな」など、機械との対話が実用的になってきています。AIによる恋愛相談も運用されています。

- **商品レコメンデーション**

  機械学習は、Amazonや各種ECサイトに見られるようなレコメンドシステムには欠かすことができない技術です。

第2部

基礎編

いよいよ機械学習を体験していきます。第2部基礎編では、機械学習の代表的な手法である分類・回帰・クラスタリングを詳しく見ていきます。機械学習における指標や評価の仕方も説明しますので、機械学習の活用を考えている方は目を通しておくとよいでしょう。

第3章 分類問題

　分類問題は、データをその性質に従い分類する課題です。分類は人が指定します。例えば、果物をリンゴ、バナナ、イチゴ、…といった具合に分類するイメージです。

　本章では scikit-learn を使って実際に課題を解きながら分類問題を見ていきます。さらに分類器の性能の評価方法を学びます。最後に分類に関するいくつかのアルゴリズムを紹介します。

3.1 分類問題とは

　機械学習における分類問題は教師あり学習の1つと位置付けられます。正解付きデータ（学習データ）によって学習することで、未知のデータを分類できるようになることを目指します。図 3-1 は色と大きさで果物を分類する例です。

図 3-1　分類のイメージ（色と大きさで果物を分類）

別の例として、未知のデータを2つに分類することを考えてみます。図3-2のように2次元平面に分布したデータ（○と▲の求めるべき分類を持つ）を分割する直線を探すことと捉えると分かりやすいのではないでしょうか。

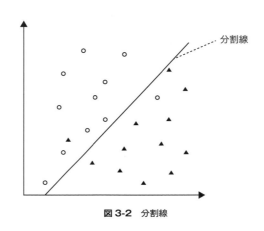

図 3-2　分割線

もちろん、実際はデータの次元が2次元よりも大きくなることもありますし、利用するアルゴリズムによってはデータを分割する線も直線とは限りません。すべての学習データを綺麗に分割する分割線を求めることが不可能なケースもあります。現実には、多少の誤差を許容して、全体として妥当な分け方ができる分割線を求めることが多いです。

3.2　最初の分類器

scikit-learn を使って、実際に分類器を作ってみましょう。ここでは scikit-learn に含まれる手書き数字データセット digits を使います。まずはデータセットを見てみましょう。

3.2.1　digits データセット

digits データセットは0から9までの手書き数字の画像データからなるデータセットです。画像データは 8 × 8 ピクセルのモノクロ画像で、1,797 枚含まれています。まずはどのような画像なのか、確認してみましょう。

```
1  import matplotlib.pyplot as plt
2  from sklearn import datasets
3
4  # digits データをロード
5  digits = datasets.load_digits()
6
7  # 画像を 2 行 5 列に表示
8  for label, img in zip(digits.target[:10], digits.images[:10]):
9      plt.subplot(2, 5, label + 1)
10     plt.axis('off')
11     plt.imshow(img, cmap=plt.cm.gray_r, interpolation='nearest')
12     plt.title('Digit: {0}'.format(label))
13
14 plt.show()
```

1 行目は可視化のためのモジュール matplotlib をインポートしています。

2 行目はデータセット・モジュールのロードです。

5 行目が具体的な digits データセットのロードです。

8-12 行目は可視化のためのコードです。画像データと画像データがどの数値を表しているか（ラベル）を順次出力します。ここでは先頭 10 個の手書き数字画像を表示しています。ここでは `matplotlib.pyplot.imshow()` で画像を表示し、`matplotlib.pyplot.title()` で画像のタイトルを表示しています。`matplotlib.pyplot.subplot()` は複数の画像を並べて表示するために利用しています。今回は 2 行 5 列に画像を並べて表示しています。

図 3-3 が出力結果となります。

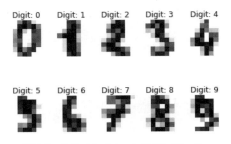

図 3-3 digits データセットの画像イメージ

今回はこのデータを用いて、3と8の画像データを分類する分類器を作ってみましょう。

3.2.2 分類器を作って評価してみる

それでは3と8の画像データを分類する分類器を scikit-learn で作ってみましょう。

まず、手書き数字の画像データを読み込みます。

```
import numpy as np
from sklearn import datasets

# 手書き数字データの読み込み
digits = datasets.load_digits()

# 3 と 8 のデータ位置を求める
flag_3_8 = (digits.target == 3) + (digits.target == 8)

# 3 と 8 のデータを取得
images = digits.images[flag_3_8]
labels = digits.target[flag_3_8]

# 3 と 8 の画像データを 1 次元化
images = images.reshape(images.shape[0], -1)
```

1-2 行目では必要なモジュールをインポートしています。

5 行目の datasets.load_digits() で手書き数字の画像データを読み込みます。

8 行目で今回対象となる3と8の画像のデータ位置を求めています。

11-12 行目で3と8の画像とラベルを取り出し、作業領域に保存しています。

次に、分類器を生成して学習を実施します。

```
from sklearn import tree

# 3 と 8 の画像データを 1 次元化
images = images.reshape(images.shape[0], -1)

```

```
 6  # 分類器の生成
 7  n_samples = len(flag_3_8[flag_3_8])
 8  train_size = int(n_samples * 3 / 5)
 9  classifier = tree.DecisionTreeClassifier()
10  classifier.fit(images[:train_size], labels[:train_size])
```

4 行目は画像データを 2 次元から 1 次元データに変換しています。

9 行目の tree.DecisionTreeClassifier() で分類器を生成しています。ここでは決定木というアルゴリズムを使って分類器を生成しています。決定木については後ほど説明します。

10 行目の classifier.fit() で生成した分類器に学習データを与えて、学習を実施しています。分類器の生成に使用する学習データは本来慎重に選びますが、ここでは分かりやすくするために手書き数字の画像データ全体の 60% としておきましょう。学習データの選び方については次節にて解説します。

最後に分類器の性能（ここでは簡単に正答率）を計算してみましょう。分類器の性能評価に使用するテストデータは、学習データに使用しなかった手書き数字の画像データ全体の残り 40% としておきます。

```
1  from sklearn import metrics
2
3  expected = labels[train_size:]
4  predicted = classifier.predict(images[train_size:])
5
6  print('Accuracy:\n',
7        metrics.accuracy_score(expected, predicted))
```

1 行目は性能評価に関するモジュールをインポートしています。

3 行目は正解ラベルとしてテストデータのラベルを取り出しています。

4 行目が分類の実行です。テストデータを与えて、分類結果（予測したラベル）を取得しています。

6-7 行目は正答率を計算して出力しています。scikit-learn では accuracy_score() によって正答率を計算できます。

結果は以下の通りです。

```
Accuracy:
0.86013986014
```

今回の学習の結果得られた分類器の正答率（Accuracy）は86％となりました。分類器の性能指標については3.4節で説明します。

このようにscikit-learnを利用することで、簡単に分類器の生成と評価まで行うことができました。利用者は機械学習アルゴリズムや評価手法の実装に手間を取られることなく、より本質的な作業に集中することができます。

では、次節で機械学習の中で非常に重要なプロセスの1つである、学習データとテストデータの選び方について学んでいきましょう。

3.3 学習データとテストデータ

3.3.1 学習とテストのデータの分離

前節では学習データをデータ全体の60％と簡単に選んでいました。実務上は学習データの選別は非常に重要な作業になります（テストデータの選び方も同様です）。本節では学習データとテストデータの選び方について見ていきます。

教師あり機械学習では、データを次の2つに分けて使います。

- **学習データ**
  学習に利用するデータです。機械学習における学習フェーズで、このデータから分類のルールを学びます。
- **テストデータ**
  学習の結果得られた分類器の評価に使うデータです。

> **ミニ知識　色々な用語——**
> **学習・訓練・教師 vs テスト・評価・バリデート・検証**
>
> 　本書では学習に使うデータを「学習データ」という用語に統一しました。一般には同じ意味合いで「訓練データ」、「教師データ」という用語が使われます。教師あり学習ということから「教師データ」、学習をトレーニングと表現することから「訓練（トレーニング）データ」と、それぞれ頷ける理由があります。また、学習データは学習時に使うデータを表しますが、文脈によってはテストデータを含めた正解付きデータ全体を表している場合もありますので注意してください（本書ではこのような使い方をしません）。
>
> 　「テストデータ」は「評価データ」と呼ばれることもあります。性能を確認する行為をテストとも評価とも表現しますので、これも誤りとは言えません。同様な意味で「バリデート」、「検証」が使われることもあります。
>
> 　関連する用語として、正解付きデータの属性値は説明変数、分類は目的変数と呼ばれることがあります（統計方面でよく使われます）。また、正解にあたる分類の値をラベルと表現します（機械学習方面ではこのように表現されることが多いです）。
>
> 　それぞれの分野で定着した用語もあるので、なかなか統一されません。用語に慣れるのが近道でしょう。

　分類問題では学習データの分布に対して学習を行い、分類器を作成します。学習データの分布に偏りがある場合は、データ全体に対して性能の高い分類器を得ることができません。また、テストデータを使って分類器の性能の評価を行いますので、テストデータに分布の偏りがある場合も正当な評価ができません。

　重要なのは、学習データをテストデータとして利用しないこと（学習データとテストデータの分離）です。機械学習の目的は学習データに含まれない未知のデータに対して有効な分類器を生成することです。学習データをテストデータに利用することは、出題されると知っている問題を丸暗記して試験で高得点を取るようなものです。テストでは高得点を取れても、はじめて見る問題を解けるようになったかは分かりません。機械学習の目的は未知のデータを分類できるようなることですので、これでは困ります。この未知のデータに関する分類の能力は「**汎化性能**」と呼ばれ、分類器にとっては非常に重要な概念です。

汎化性能に関連する重要な概念として「**過学習**」があります。文字の通り、学習データにのみ適応しすぎて、かえって未知のデータへの当てはまりが悪くなった（汎化性能が下がった）状態のことです。過学習とその対応については、この後の章でも説明します。

3.3.2　ホールドアウトと交差検証

学習データとテストデータの分離が重要なことは分かりました。それでは具体的にどのように分離すればよいのでしょうか。一般的には次の2つの手法が用いられることが多いです。

- **ホールドアウト検証**
  対象データの中からテストデータを分離して、残りを学習データとする方法です。
- **k-分割交差検証**
  対象データをk個に分割し、そのうちの1個をテストデータ、残りのk－1個を学習データとして学習する方法です。テストデータを変更しながらk回の学習と検証を繰り返します。このk回の検証結果を平均した結果を用いることが多いです。

ホールドアウト検証は手軽ですが、テストデータに偏りがないかの懸念がつきまといます。その点、交互とはいえ満遍なくテストデータを使用するk-分割交差検証はより良い評価ができます。ただしk回の学習と評価が必要ですので、そのぶん手間と計算時間がかかります。

今回は、学習データとテストデータの選別で簡単なホールドアウト検証を選択していますが、汎化性能の確認が必要な場合は、k-分割交差検証を実施することをお勧めします。

交差検証についてはこの次のコラムで説明しています。応用編ではk-分割交差検証を利用していますので、応用編に進む前には目を通しておくと良いでしょう。

> **ミニ知識** **k-分割交差検証**

分類器の性能評価において学習データとテストデータの分離は極めて重要です。実際には学習データがなかなか揃わず、量の確保が難しいということはよくあります。学習の観点からは学習データが多いに越したことはないですが、テストデータを確保しなければ評価ができない、でもテストデータを確保すると学習データが減ってしまい困る、といったジレンマも実務では発生しがちです。こうしたことに対応する1つの方法がk-分割交差検証です（図3-4）。

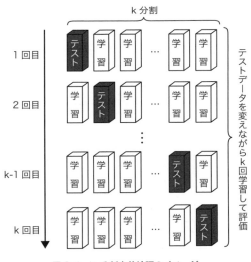

図3-4 k-分割交差検証のイメージ

k-分割交差検証はkを大きくすればより良い性能が得られると期待できます。ただし、試行数が増えてしまうので時間がかかります。一方、kを小さくすると試行数は減らせますが学習データが減ってしまいますので、あまりうれしくない事態です。

学習・検証が素早く行えるのであればk-分割交差検証を行うのが良いでしょう。学習・検証に時間やコストがかかる場合はホールドアウトで見当をつけて、k-分割交差検証を少なくするという方法も考えられます。傾向をつかむ段階ではk-分割したとしても、学習・検証の回数を間引く場合もあります。

なお、scikit-learnにはk-分割交差検証を行うサポートクラス`sklearn.cross_validation.KFold`があります。第7章　センサデータによる回帰問題に使用例がありますので参考にしてください。

3.4 分類器の性能を評価しよう

3.2.2項ではscikit-learnを使って分類器を生成し、簡単な評価まで行ってみました。本節では、生成した分類器の性能をより詳しく評価してみましょう。

3.4.1 分類器の性能—正答率・適合率・再現率・F値

でき上がった分類器の性能を評価するにあたり、まずは一般に分類器の性能をどのように見るかを説明していきましょう。

説明のため、PositiveとNegativeのいずれかを返す2値分類器を考えます。この場合、Positive/Negativeそれぞれについて正解/不正解があるので、表3-1の4つの組み合わせがあることが分かります。

表3-1 混同行列（Confusion Matrix）

		予測	
		Positive	Negative
実際	Positive	True Positive（TP）	False Negative（FN）
	Negative	False Positive（FP）	True Negative（TN）

この表は混同行列（Confusion Matrix）と呼ばれるもので、分類器の評価でよく使われます。「実際」と「予測」を反転（転置）して書く場合もあります。行列内の名称は予測結果がTrueもしくはFalseであると読むと理解しやすいと思います。つまり、True PositiveであればPositiveという予測がTrue（正解）だった、False PositiveであればPositiveという予測がFalse（不正解）だったという具合です。これはNegativeの予測についても同様です。

分類器の性能指標としてよく使われるのは以下の3つです。

$$正答率（Accuracy） = \frac{TP + TN}{TP + FP + FN + TN}$$

$$適合率（Precision） = \frac{TP}{TP + FP}$$

$$再現率（Recall） = \frac{TP}{TP + FN}$$

先ほど利用した正答率（Accuracy）は、全体の事象の中で正解がどれだけあったかの比率です。分類器に対して1つの値が定義されます。

適合率（Precision）は、分類器がPositiveと予測した中で、真にPositiveなものの比率です。Positiveと予測したもののうち、どれぐらいが当たっているか、確度が高いかの指標です。ここではPositiveラベルの適合率の定義を示しましたが、Negativeラベルの適合率も定義可能です。適合率はラベル単位の指標となります。

再現率（Recall）は、真にPositiveなものに対して、分類器がどれだけPositiveと予測できたかを表します。実際にPositiveなものの中から、どれぐらい検出できたかの指標と言うこともできます。再現率もラベルごとの指標であり、Negativeラベルの再現率も定義可能です。

分類器の性能は大まかには正答率で見ますが、それだけでは不十分な場合があります。ラベル間でデータ数が大きく異なる場合（例えば、NegativeのテストデータがPositiveに比べてとても少ない場合）は、特に注意が必要です。また、適合率と再現率は異なる性質を持っています。これらは3.4.3項で改めて説明します。

もう1つよく使われる指標としてF値（F-measure）があります。

$$\text{F値 (F-measure)} = \frac{2}{\frac{1}{\text{Precision}} + \frac{1}{\text{Recall}}} = \frac{2\text{Precision} \cdot \text{Recall}}{\text{Precision} + \text{Recall}}$$

これは適合率と再現率の調和平均です。2つの指標を総合的に見るときに使用します。

ミニ知識　正答率（Accuracy）と適合率（Precision）

正答率（Accuracy）と適合率（Precision）の日本語は紛らわしく、訳語も安定していません。AccuracyおよびPrecisionという英語のままのほうが誤解されにくいと思われます。また、以下の訳語が紹介されることがあります。

名称	略称	日本語訳
True Positive	TP	真陽性
False Positive	FP	偽陽性
False Negative	FN	偽陰性
True Negative	TN	真陰性

ミニ知識 色々な平均—調和平均・算術平均・幾何平均

　F値で出てきた調和平均ですが、あまり耳にしたことがないかもしれません。通常、平均といえば対象の数値をすべて足して個数で割った数（算術平均）が使われます。しかしながら平均には他の種類も存在していて、算術平均の他によく使われるのが今回出てきた調和平均と幾何平均です。

　調和平均は率の平均とも言えるもので、以下のような式で計算されます。

$a_1, a_2, \cdots, a_n$ に対して $\dfrac{n}{\dfrac{1}{a_1} + \dfrac{1}{a_2} + \cdots + \dfrac{1}{a_n}}$

式だけでは分かりづらいですが、例題で考えると理解しやすいです。

例題）　時速40kmの車 a と時速60kmの車 b が120kmの距離を走った場合の平均速度は時速何 km でしょうか。

答え）　時速40kmと時速60kmなので $(40+60)/2 = 50$ km/s …というわけにはいきません。距離が120kmですので、a が走る時間は $120 \div 40 = 3$ 時間、b が走る時間は $120 \div 60 = 2$ 時間。距離は2台合わせて240kmですので、平均は $240 \div (3+2) = 48$ km/s となります。

　これを1つの式で書いてみましょう。a の速度を a_s、b の速度を b_s、距離を d としてみます。

$$\dfrac{2 \times 120}{\dfrac{120}{40} + \dfrac{120}{60}} = \dfrac{2 \times d}{\dfrac{d}{a_s} + \dfrac{d}{b_s}} = \dfrac{2}{\dfrac{1}{a_s} + \dfrac{1}{b_s}}$$

つまり、この形での平均速度は走行距離に関わらないことが分かります。速度のように2つの値（速度の場合は距離と時間）の比で表せる数値の平均には、調和平均を使うことになります。

　もう1つの平均である幾何平均は、以下のような式で表せます。

$a_1, a_2, \cdots, a_n$ に対して $\sqrt[n]{a_1 a_2 \cdots a_n}$

幾何平均は金利計算のように積を累積させる場面で使われます。

　ちなみに算術平均は相加平均、幾何平均は相乗平均とも呼ばれます。

3.4.2 手書き数字画像分類器の性能を見てみよう

分類器の性能を評価する方法が分かりましたので、実際に私たちの分類器の性能を評価してみましょう。

```
1  print('Accuracy:\n',
2        metrics.accuracy_score(expected, predicted))
3  print('\nConfusion matrix:\n',
4        metrics.confusion_matrix(expected, predicted))
5  print('\nPrecision:\n',
6        metrics.precision_score(expected, predicted, pos_label=3))
7  print('\nRecall:\n',
8        metrics.recall_score(expected, predicted, pos_label=3))
9  print('\nF-measure:\n',
10       metrics.f1_score(expected, predicted, pos_label=3))
```

1-2 行目は、さきほどと同じで正答率を出力しています。

3-4 行目は混同行列の表示です。

5-10 行目は適合率、再現率、F値を順に計算して出力しています。

結果は以下の通りです。

```
Accuracy:
0.86013986014

Confusion matrix:
[[59 16]
 [ 4 64]]

Precision:
0.936507936508

Recall:
0.786666666667

F-measure:
0.855072463768
```

3 に対する適合率が 94%、再現率 79%、F 値は 0.86 と出ました。混同行列を書き出すと表 3-2 のようになります。

表 3-2　手書き数字「3」と「8」の検出に関する混同行列

		予測	
		"3"	"8"
実際	"3"	59	16
	"8"	4	64

今回の分類器の傾向は、「8 は正しく分類できるが、3 は間違えて 8 と分類してしまう」と評価できます。

混同行列を出力して、各ラベルの分類傾向を確認することはとても重要です。分類器の性能向上策として、誤りの傾向を実際のデータに遡って確認し、誤りやすいデータを学習データに含めたり、ラベルの質を評価したりすることはよく行われます。とても泥臭い地道な作業ですが、非常に重要なプロセスとなります。

ここまでの分類器作成と評価のスクリプトは、整理した状態でサポートサイトに「3.4_FirstClassifier.py」として公開しています。

3.4.3　性能指標の性質と関係

ここで改めて正答率、適合率、再現率、F 値といった複数の性能指標がどのような性質を持ち、どのような関係にあるかを確認しておきましょう。

正答率は分類器に対して 1 つの数値を出しますので、当該分類器の大掴みの性能を見るのに適しています。ただしラベル間のサンプル数に大きな偏りがあると、間違った印象を与えてしまう場合があります。

例で説明してみましょう。ある工場で生産している製品の欠陥を見付ける分類器があるとして、次のような結果が得られたとします。

総数：16,195　/　正常：15,724　/　欠陥：471

表 3-3　ある分類器に関する混同行列

		予測	
		正常	欠陥
実際	正常	15,649	75
	欠陥	148	323

性能指標は以下のようになります。

正答率 98.6%

正常適合率 99.1%　　　正常再現率 99.5%　　　正常 F 値 99.3%

欠陥適合率 81.2%　　　欠陥再現率 68.6%　　　欠陥 F 値 74.3%

　正答率が 98.6%、正常適合率と正常再現率がいずれも 99%台で、とても優秀な分類器に思えます。一方で欠陥側の指標を見てみると適合率 81.2%、再現率 68.6%ですので、欠陥品と判別した製品のうち 2 割程度は誤検出、欠陥品の 3 割程度を見落としていると言えます。

　欠陥品の出荷はできる限り避けなければいけないので、着目すべきは欠陥の見落としや誤検出に関する指標（欠陥品の適合率や再現率）となります。このようなケースでは、正答率 98.6%というのは誤解を与えかねない数値となってしまいます。

　適合率と再現率はトレードオフの関係にあります。分類器の誤検出（分類の誤り）を防ごうとすれば、予測の確度が高いものだけを拾い上げることになりますので、見落としの確率を増やすことになります（再現率低下）。一方見逃しの割合を下げようとすれば、そのぶん外れる確率も増えます（適合率低下）。

　このように適合率と再現率は異なる意味合いがありますので、課題によってどちらを重視すべきか見極めなくてはなりません。場合によっては、これら 2 つの数値を見てそのラベルの総合的な分類性能を判断したいこともあるでしょう。F値はこうした場面で使用します。

3.5　色々な分類器
3.5.1　決定木

ここまで決定木を使っているだけでした。ここでは 3.2.2 項で利用した決定木という手法を詳しく見てみることにしましょう。

決定木とは

決定木はデータを複数のクラスに分類する教師あり学習の1つです。「樹木モデル」と呼ばれる木構造を利用した分類アルゴリズムです。

例として、動物の分類を考えてみましょう。表3-4のような動物の種類の定義があったとします。

表 3-4　動物の種類の定義　　　　属性　　　　　　　　　　求めるべき分類

種類	脊椎	呼吸	変温/恒温	卵生/胎生	足の数	分類
トンボ	なし	気管	-	-	3対	昆虫類
カニ	なし	エラ	-	-	5対	甲殻類
タイ	あり	エラ	変温動物	卵生	-	魚類
カエル	あり	エラ/肺	変温動物	卵生	-	両生類
ワニ	あり	肺	変温動物	卵生	-	爬虫類
ニワトリ	あり	肺	恒温動物	卵生	-	鳥類
イヌ	あり	肺	恒温動物	胎生	-	哺乳類

このときの樹木モデルは、図3-5のようになります。

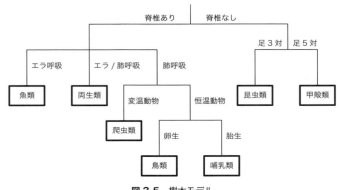

図 3-5　樹木モデル

ご覧の通り、樹木モデルは分類を実現するための分岐処理の集まりです。各分岐では分類対象データの属性に従って分類が行われます。

決定木の学習では学習データからこのような樹木モデルを生成します。何を基準に分岐を行うかで、決定木はいくつかの手法に分類できます。分岐後の集合の不純度に着目した CART や、情報量（エントロピー）に基づいて決める C4.5/C5.0 などが知られています。

決定木のメリットは、分類ルールを樹木モデルとして可視化できるため、分類結果の解釈が比較的容易である点です。また、生成した分類ルールを編集することも可能です。学習のための計算コストが低いという点もメリットとして挙げられます。

ただし、決定木は過学習してしまう傾向があります。また、扱うデータの特性によっては樹木モデルを生成することが難しいケースもあります。

分類器の生成

それでは、3 と 8 の手書き数字の画像データを分類する分類器を決定木で作っていきましょう。3.2 節でも決定木で分類器を作っていましたが、分類器生成時にパラメータを指定していませんでした。今回は分類器にいくつかのパラメータを指定していきましょう。

3.2 節のソースコードの分類器生成処理を以下のように変更します。

```
classifier = tree.DecisionTreeClassifier(max_depth=3)
```

`tree.DecisionTreeClassifier()` で決定木の分類器を生成します。生成時にはパラメータを指定することができます。ここでは樹木モデルの最大深さを示す `max_depth` を指定しています。デフォルトでは CART が使われますが、`criterion="entropy"` と指定すると C4.5 が使われます。

分類器の性能評価

では、学習の結果得られた分類器の性能を評価してみましょう。修正したスクリプトを実行した結果を以下に示します。

```
Accuracy:
0.86013986014

Confusion matrix:
[[60 15]
 [ 5 63]]

Precision:
0.923076923077

Recall:
0.8

F-measure:
0.857142857143
```

生成した決定木の樹木モデルは図3-6の通りです。

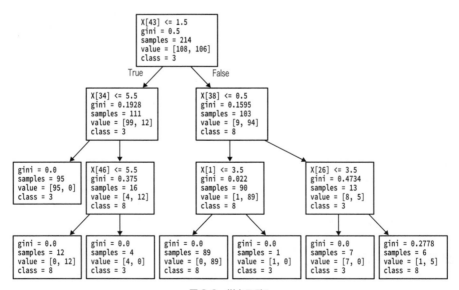

図3-6 樹木モデル

分岐の深さが最大3となっていることが確認できます。また、樹木モデルでチェックしているピクセルは次の図のようになっています。

0	1	2	3	4	5	6	7
8	9	10	11	12	13	14	15
16	17	18	19	20	21	22	23
24	25	**26**	27	28	29	30	31
32	33	**34**	35	36	37	38	39
40	41	42	**43**	44	45	46	47
48	49	50	51	52	53	54	55
56	57	58	59	60	61	62	63

3の場合に値が低いピクセル

0	**1**	2	3	4	5	6	7
8	9	10	11	12	13	14	15
16	17	18	19	20	21	22	23
24	25	26	27	28	29	30	31
32	33	34	35	36	37	**38**	39
40	41	42	43	44	45	**46**	47
48	49	50	51	52	53	54	55
56	57	**58**	59	60	61	62	63

8の場合に値が低いピクセル

左側の「3の場合に値が低いピクセル」を見てみると、確かに8の場合には線がありそうですが、3の場合には線がなさそうな場所が指定されていることが分かります。

決定木まとめ

本項では決定木を用いて、3と8の手書き数字の画像データを分類する分類器を作成しました。決定木は樹木モデルによる分類を行うため、分類ルールの解釈が容易です。作成した手書き数字画像分類器の樹木モデルを確認してみたところ、どのピクセルを見て分類しているのかを簡単に理解することができました。この決定木を使った分類器作成と評価のスクリプトは、サポートサイトに「3.5.1_DecisionTree.py」として公開しています。

ただし、決定木は過学習してしまう傾向があるため、決定木単独で利用するのではなく、次項以降に紹介するアンサンブル学習を組み合わせて使用することが多いです。次項ではその代表例であるRandom Forestを使い、より良い性能の分類器ができることを見ていきましょう。

3.5.2 Random Forest

本項ではRandom Forestと呼ばれるアルゴリズムを使って、3と8の手書き数字の画像データを分類する分類器を作ります。

アンサンブル学習

Random Forestはアンサンブル学習と呼ばれる学習法の1つです。まずは、アンサンブル学習について説明していきます。

アンサンブル学習は、いくつかの性能の低い分類器（弱仮説器[注1]）を組み合わせて、性能の高い1つの分類器を作る手法です。弱仮説器のアルゴリズムは決まっていませんので、適宜選択する必要があります。

アンサンブル学習のイメージは、弱識別器の多数決です。「三人寄れば文殊の知恵」のように、凡人でも何人かで集まって相談すると良い結論を得られる、というイメージです。

アンサンブル学習は弱仮説器の生成方法によって2つに分類できます。「バギング」と「ブースティング」です。

- **バギング**
  学習データを抜けや重複を許して複数個のグループに分割し、学習データのグループごとに弱仮説器を生成する手法です。分類時は、各弱仮説器の出力した分類結果の多数決を取ります。
- **ブースティング**
  複数の弱仮説器を用意し、重み付きの多数決で分類を実現する方法です。その重みも学習によって決定します。難易度の高い学習データを正しく分類できる弱仮説器の判別結果が重視されるように重みを更新していきます。

バギングでは、複数のグループに分割した学習データグループに対して弱仮説器をそれぞれ生成します（図3-7）。つまり、一部の学習データグループに特化した弱仮説器を組み合わせて性能の良い分類器を作ることになります。

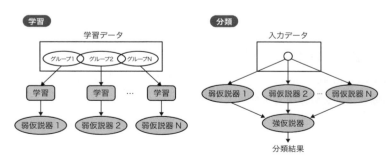

図3-7 バギングの学習と分類

注1 若干奇妙な用語に見えるかもしれませんが、アンサンブル学習の説明ではよく見られる用語なのでこのまま使用することにします。

ブースティングでは、ある弱仮説器が間違ったデータを難易度の高いデータとし、「難易度の高いデータの抽出」と「難易度の高いデータに特化した弱仮説器の重みの計算」を反復して弱仮説器の重みを決定します（図3-8）。

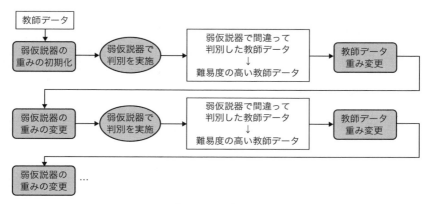

図3-8 ブースティングの学習イメージ

分類問題での「難易度の高いデータ」は本来の分割線付近のデータになるイメージです。「3と8の手書き数字の画像データを分類する」課題であれば、3と8のどちらにも見えそうな画像が該当します（図3-9）。

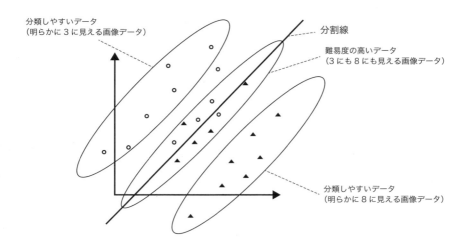

図3-9 分類しやすいデータと難易度が高いデータ

ブースティングは、より難易度の高いデータを抽出しながら、難易度の高いデータを分類することに特化した分類器を順次生成していくイメージとなります。

本項で説明するRandom Forestはバギング、次項で説明するAdaBoostはブースティングの例となります。

Random Forestとは

Random Forestはアンサンブル学習のバギングに分類されるアルゴリズムです。学習データ全体の中から重複や欠落を許して複数個の学習データセットを抽出し、その一部の属性を使って決定木（弱仮説器）を生成します（図3-10）。

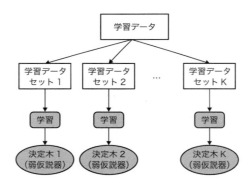

図3-10 Random Forestの学習イメージ

Random Forestは学習、判別の処理が高速で、学習データのノイズにも強いというメリットがあります。また、分類だけでなく回帰やクラスタリングにも使えます。ただし、学習データ数が少ない場合は過学習となる傾向があります。学習データ数が少ない場合は、あまり利用しないほうが良いでしょう。

分類器の生成

では、3と8の手書き数字の画像データを分類する分類器をRandom Forestで作っていきましょう。

3.2節のソースコードの分類器生成処理を以下のように変更します。

```
from sklearn import ensemble
classifier = ensemble.RandomForestClassifier(n_estimators=20, max_depth=3, criterion="gini")
```

ensemble.RandomForestClassifier()でRandom Forestの分類器を生成します。生成時にはパラメータを指定することができます。ここではn_estimatorsとmax_depth、criterionを指定しています。n_estimatorsは弱仮説器の数で、デフォルトでは10ですがここでは20を指定しました。max_depthとcriterionは弱仮説器に使っている決定木に関するパラメータで、樹木モデルの最大深さと決定木のアルゴリズムを指定します。ここでは、最大深さを3とし、CARTを指定しています。

分類器の性能評価

では、学習の結果得られた分類器の性能を評価してみましょう。スクリプトを実行した結果を以下に示します。

```
Accuracy:
0.888111888112

Confusion matrix:
[[61 14]
 [ 2 66]]

Precision:
0.968253968254

Recall:
0.813333333333

F-measure:
0.884057971014
```

決定木アルゴリズムを使った場合と比べると、Random Forestで作った分類器の性能は高くなっていることが分かります。正答率は86％から89％に上がっています。

Random Forest まとめ

本項ではアンサンブル学習の1つであるRandom Forestを用いて、3と8の手書き数字の画像データを分類する分類器を作成しました。

scikit-learnを使うと、分類器生成のアルゴリズムの変更が容易にできることが

分かりました。決定木からRandom Forestへアルゴリズムを変更すると分類器の性能が上がったことも確認できました。このRandom Forestを使った分類器作成と評価のスクリプトは、サポートサイトに「3.5.2_RandomForest.py」として公開しています。

次項ではもう1つのアンサンブル学習手法であるブースティングの代表例として、AdaBoostを紹介します。

3.5.3　AdaBoost

本項では前項で説明したアンサンブル学習の1つであるAdaBoostと呼ばれるアルゴリズムを使って、3と8の手書き数字の画像データを分類する分類器を作ってみましょう。

AdaBoostとは

AdaBoostはアンサンブル学習のブースティングに分類されるアルゴリズムの1つです。AdaBoostの弱仮説器のアルゴリズムは決まっていないため、適宜選択する必要があります。

AdaBoostでは、難易度の高いデータを正しく分類できる弱仮説器の分類結果を重視するよう、弱仮説器に対して重みを付けます（図3-11）。難易度の高い学習データと性能の高い弱仮説器に重みを付けることで、精度を上げます。

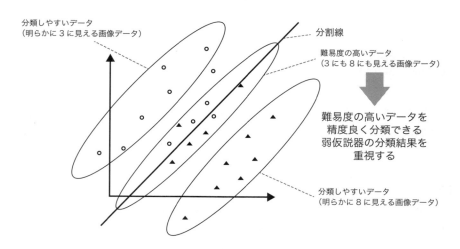

図3-11　分割の難易度

AdaBoost は分類精度が高いですが、学習データのノイズに影響を受けやすい傾向があります。

分類器の生成

では、3 と 8 の手書き数字の画像データを分類する分類器を AdaBoost で作っていきましょう。弱仮説器には決定木を利用します。

3.2 節のソースコードの分類器生成処理を以下のように変更しましょう。

```
from sklearn import ensemble
estimator = tree.DecisionTreeClassifier(max_depth=3)
classifier = ensemble.AdaBoostClassifier(base_estimator=estimator, n_estimators=20)
```

ensemble.AdaBoostClassifier() で AdaBoost の分類器を生成します。生成時にはパラメータを指定することができます。ここでは base_estimator と n_estimators を指定しています。base_estimator は弱仮説器を指定するパラメータで、ここでは決定木を指定しています。決定木のアルゴリズムなどを指定するのではなく、決定木の分類器オブジェクトをそのまま指定する点に注意しましょう。n_estimators は弱仮説器の数で、デフォルトでは 50 ですが、前項の Random Forest との比較のために、ここでは 20 を指定しました。

分類器の性能評価

では、学習の結果得られた分類器の性能を評価してみましょう。スクリプトを実行した結果を以下に示します。

```
Accuracy:
0.923076923077

Confusion matrix:
[[64 11]
 [ 0 68]]

Precision:
1.0
```

```
Recall:
0.853333333333

F-measure:
0.920863309353
```

　決定木アルゴリズムを使った場合と比べると、Random Forest と同様に AdaBoost で作った分類器の性能は高くなっていることが分かります。正答率は 86% から 92% に上がっています。

AdaBoost まとめ

　本項ではアンサンブル学習の1つである AdaBoost を用いて、3と8の手書き数字の画像データを分類する分類器を作成しました。今回の手書き文字の例では Random Forest よりも分類器の性能が上がりました。この Ada Boost を使った分類器作成と評価のスクリプトは、サポートサイトに「3.5.3_AdaBoost.py」として公開しています。

3.5.4　サポートベクターマシン (SVM)

　最後にサポートベクターマシンと呼ばれるアルゴリズムを使って、3と8の手書き数字の画像データを分類する分類器を作ってみましょう。

サポートベクターマシンとは

　サポートベクターマシン（Support Vector Machine）は、分類にも回帰に使える優れた教師あり学習のアルゴリズムです。分類器を作る前に、サポートベクターマシンがどのようなアイデアに基づくかを説明しておきます。まずデータを2つに分離する直線を引くことを考えます（図 3-12）。

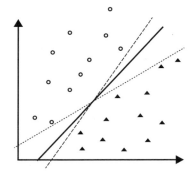

図 3-12　分割直線のイメージ

　データを 2 つに分離する直線はいくつも選ぶことができますが、サポートベクターマシンでは図 3-13 のように分割線から最近傍サンプルデータまでのマージン（距離の 2 乗）の和を最大化する直線が一番良い分割線と考えます。

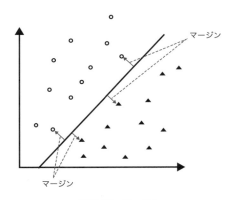

図 3-13　マージン

　サポートベクターマシンは学習データのノイズにも強く、分類性能が非常に高いことが特徴です。他のアルゴリズムと比べると学習データ数もそれほど多く必要としません。ただし、分類処理速度は他のアルゴリズムと比べると遅くなります。また、基本的には 2 クラスの分類器となるため、多クラスの分類を行うためには複数のサポートベクターマシン分類器を組み合わせる必要があります。

分類器の生成

では、3 と 8 の手書き数字の画像データを分類する分類器をサポートベクターマシンで作っていきましょう。

3.2 節のソースコードの分類器生成処理を以下のように変更します。

```
from sklearn import svm
classifier = svm.SVC(C=1.0, gamma=0.001)
```

svm.SVC() でサポートベクターマシンの分類器を生成します。SVC は Support Vector Classifier の略です。生成時にはパラメータを指定することができます。ここでは C と gamma を指定しています。C はペナルティパラメータで、どの程度誤分類を許容するかを示します。gamma には大きい値を指定すると複雑な分離曲面を指定することが可能になります。今回 C はデフォルト値の 1.0、gamma は 0.001（ほぼ平面）を指定しました。

分類器の性能評価

では、学習の結果得られた分類器の性能を評価してみましょう。スクリプトを実行した結果を以下に示します。

```
Accuracy:
0.937062937063

Confusion matrix:
[[66  9]
 [ 0 68]]

Precision:
1.0

Recall:
0.88

F-measure:
0.936170212766
```

決定木アルゴリズムを使った場合と比べると、サポートベクターマシンで作った分類器の性能は非常に高いことが分かります。正答率は94％となりました。

サポートベクターマシンまとめ

本節では強力な分類アルゴリズムの1つであるサポートベクターマシンを用いて、3と8の手書き数字の画像データを分類する分類器を作成しました。このサポートベクターマシンを使った分類器作成と評価のスクリプトは、サポートサイトに「3.5.4_SupportVectorMachine.py」として公開しています。

今回の手書き数字の例で確認した通り、サポートベクターマシンは優れた分類性能を持ちます。そのため、精度が要求される場合に利用されることが多いです。ただし、処理時間がかかる傾向があります。精度よりも処理速度の優先度が高い場合には、Random Forest のように軽量で高速なアルゴリズムを採用すると良いでしょう。

3.6 まとめ

本章では scikit-learn を使って簡単な課題を実際に解きながら、分類問題について学びました。

scikit-learn を使うと、機械学習を使った分類器を簡単に作ることできました。分類器の機械学習アルゴリズムの変更も容易にできるため、アルゴリズムを変更した比較も気軽に試すことができます。

scikit-learn には分類器の性能を評価するためのライブラリも整備されており、こちらも簡単に計算することができました。分類器の性能指標に何を用いるかは実際の課題によって変わってきますが、今回紹介した評価方法はよく利用されます。

また、scikit-learn には今回利用した手書き数字の画像データセットの他にも、いくつかのサンプルデータセットが含まれています。本書の中でもいくつか紹介していきますが、手書き数字画像以外のサンプルデータセットを使って分類問題を解いてみると理解が深まりますので、是非挑戦してみてください。

第4章 回帰問題

4.1 回帰問題とその分類

4.1.1 回帰問題とは何だろう

回帰問題とは数値を予測する問題です。学習時に入力データと出力データの組から対応する規則を学び、未知の入力データに対しても適切な出力を生成できるようにするものです。つまり、入力と出力の関係（関数）を推定し、近似する問題とも言えます。

例えば図 4-1 の点で表されるデータは、左は右肩上がりの直線的な関係が、右は曲線の関係がありそうです。

機械学習の観点では、正解データから学ぶので教師あり学習の1つと言えます。

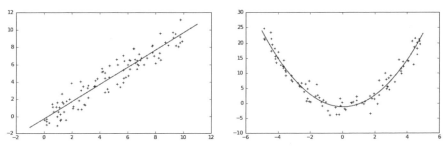

図 4-1 直線と曲線の当てはめ

回帰問題を解くことは、与えられたデータに対して関係を示す数式を仮定し、当該データに最も当てはまる数式の係数を決めていくことになります。

4.1.2 回帰問題の分類

回帰問題は求めるべき式の形や変数の数で分類されています。

式の形式での分類

- **線形回帰**

    図 4-1 左のように直線的な関係を推定する回帰です。実はこれは誤解を招きやすい事例で、直線的な関係を表現する数式（1 次式）だけとは限りません[注1]。線形回帰とは、

    $$Y = w_0 + w_1 x_1 + w_2 x_2 + \cdots + w_p x_p$$

    のような式に対して、$(w_0, \cdots, w_p)$ を求める問題として定式化されます。ポイントは求めるべき対象が線形ということであり、式そのものが 1 次式であることを意味しない点です。実際、$p = 2$、$x_1 \Rightarrow x$、$x_2 \Rightarrow x^2$ と置けば、$Y = w_0 + w_1 x + w_2 x^2$ も線形回帰の対象になるので、図 4-1 右も線形回帰で解けそうな問題となります。

- **非線形回帰**

    線形以外のすべての回帰です。

変数の数での分類

- **単回帰**

    単回帰とは入出力の関係が 1 変数（単一の変数）で成り立つ式（例：$y = ax + b$）を想定して解く回帰問題です。変数の数が問題ですので、式の次数が上がっても変数が 1 つであれば単回帰です。つまり単回帰にも線形/非線形の 2 つがあります。

- **重回帰**

    2 変数以上を使う回帰を重回帰と言います（例：$y = ax_1 + bx_2 + cx_3 + d$）。単回帰と同様に、線形/非線形の両方があります。

注1 線形性に関しては付録 B でより詳しく説明します。

4.2 最初の回帰 ── 最小二乗法と評価方法

4.2.1 最小二乗法のアイデア

回帰を実現する上で、最小二乗法という手法がよく知られています。まずはここから始めましょう。

簡単のために対象を平面上の点として、その関係を最も良く表す直線が何かを考えてみます（図4-2）。すべての点を通る直線が見つかると良いのですが、実際の点は誤差も入るので、本当に直線の関係があったとしても線から外れた点が発生してしまいます。最もうまく説明する直線はどういうものでしょうか。

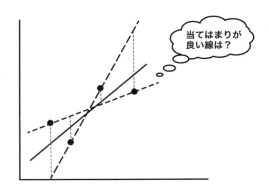

図4-2 当てはまりの良い線とは

まず上記の点を $\{(x_1, y_1), (x_2, y_2), (x_3, y_3), (x_4, y_4)\}$ とし、直線を $y = f(x)$ で表すものとします。このとき、実際の値 y_1、y_2、y_3、y_4 と予測値 $f(x_1)$、$f(x_2)$、$f(x_3)$、$f(x_4)$ の差である $y_i - f(x_i)$ の総和が最も小さくなる直線が良さそうです。ただし、その差はプラス/マイナスの両方があるため、単に足し合わせるだけでは打ち消しあってしまい意図する値になりません。

では絶対値を足し合わせたらどうでしょうか。しかし、式を扱っていく上で絶対値の扱いは面倒です。

それでは二乗してみてはどうでしょうか。そうすれば符号は必ずプラスになりますし、その総和の最小値となる組み合わせは絶対値の総和の最小値にもなることが知られています。つまり以下の式が最小になるような $f(x)$ を求めれば良いこ

とになります。

$$(y_1 - f(x_1))^2 + (y_2 - f(x_2))^2 + (y_3 - f(x_3))^2 + (y_4 - f(x_4))^2$$

これが最小二乗法のアイデアです。実際の値と予測値の差の二乗の和を最小にするから「最小二乗法」、そのままの名前ですね。

これまで平面と直線をイメージしてきましたが、式を見ると$f(x)$で表現されているだけで必ずしも直線（線形/1次式）でなくても良いことが見て取れます。このアイデアは変数が複数になっても使えるので、回帰問題を解く一般的な手法として最小二乗法が使えます。

さて、scikit-learnにはこの最小二乗法を実装した`sklearn.linear_model.LinearRegression`があります。まずは、これを使って回帰問題について慣れていきましょう。

4.2.2 線形単回帰を試してみる

まずは最も単純な線形単回帰で試してみましょう。

単回帰が1変数で成り立つ式を想定する、というときの変数とは、あるデータセットにおける1つの属性値のことを指します。例えば、人間については氏名、年齢、住所、……といった様々な属性値が考えられますが、このうちの1属性、例えば年齢だけを使って何かを解こうとするのが単回帰です。

まずは明らかに$y = ax + b$の関係になるようなデータを作り、本当に回帰問題が解けるかどうかを試してみます。ここでは$y = 3x - 2$としてデータを作成してみましょう（図4-3）。

```python
import matplotlib.pyplot as plt
import numpy as np

x = np.random.rand(100, 1)    # 0 〜 1 までの乱数を 100 個作る
x = x * 4 - 2                 # 値の範囲を -2 〜 2 に変更

y = 3 * x - 2 # y = 3x - 2

plt.scatter(x, y, marker='+')
plt.show()
```

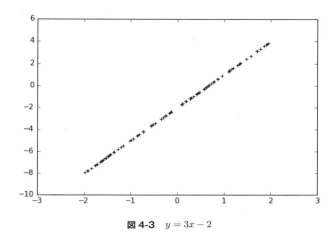

図 4-3 $y = 3x - 2$

さて、この x と y の関係について最小二乗法で回帰直線を求めてみましょう。最小二乗法は sklearn.linear_model.LinearRegression を使い、次のように計算します。

```
from sklearn import linear_model

model = linear_model.LinearRegression()
model.fit(x, y)
```

前章の分類問題の場合と同じく、モデルの関数 fit を呼ぶだけで学習が終わりました。得られた直線の関数式 $y = ax + b$ を求めるには、係数 a については model.coef_ を、切片 b については model.intercept_ を見ます。

```
print(model.coef_)
print(model.intercept_)
```

出力は次のようになります。

```
[[ 3.]]
[-2.]
```

期待通りに $a = 3$、$b = -2$ が求まりました。

残念ながら実世界ではこんなに綺麗にいかずバラつきが出てきます。そこで、先ほどのデータにバラつき（誤差）を乗せてみましょう。一般に誤差は正規分布に従うことが多いので、そのような乱数を加えてみます。

```
import matplotlib.pyplot as plt
import numpy as np

x = np.random.rand(100, 1)   # 0 ～ 1 までの乱数を 100 個作る
x = x * 4 - 2                # 値の範囲を -2 ～ 2 に変更

y = 3 * x - 2  # y = 3x - 2

y += np.random.randn(100, 1) # 標準正規分布（平均 0，標準偏差 1）の
                             # 乱数を加える
```

このデータから最小二乗法で予測してみます。

```
from sklearn import linear_model

model = linear_model.LinearRegression()
model.fit(x, y)

plt.scatter(x, y, marker ='+')
plt.scatter(x, model.predict(x), marker='o')
plt.show()
```

結果を図4-4に示します。"+"が学習データ、"●"が予測結果です。おおよそ真ん中を通る直線が得られました。

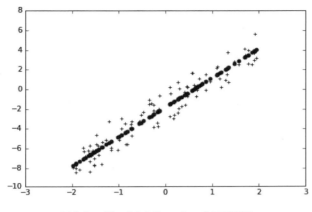

図4-4 バラつきのある$y = 3x - 2$の予測結果

この式の形$y = ax + b$を見てみましょう。

```
print(model.coef_)
print(model.intercept_)
```

次のように出力されます。

```
[[ 2.98423376]]
[-1.80938141]
```

このケースでは$y = 2.98423376x - 1.80938141$となりました。こちらも乱数を使用したデータなので、皆さんの結果はこれとは異なると思いますが、おおよそ近い値になったのではないでしょうか。求められた係数・切片は$y = 3x - 2$から少しズレていますが、これはバラつきのためでしょう。

4.2.3 回帰における評価—決定係数

学習は簡単に終わって結果も得られました。回帰直線も見た目では分布の真ん中を通っており、なんとなく良さそうです。しかし、果たしてこれは妥当な結果なのでしょうか？

分類問題の場合は正解／不正解がはっきりしますが、回帰は数値同士であるため同じ議論は使えません。回帰の場合の結果の妥当性を客観的に評価する指標と

して R^2 決定係数が知られています。

一般に決定係数と呼ばれるものはいくつかありますが、今回紹介する R^2 決定係数は、以下で定義されます。

$$R^2 = 1 - \frac{\text{「観測値」と「予測値」の差の2乗和}}{\text{「観測値」と「観測値全体の平均」の2乗和}}$$

観測された値は誤差を含むので正解とは異なります。観測値と予測値が真の値に近ければ、分子が0に近づき、R^2 決定係数は1に近くなります。値と観測値のズレが大きい場合、分子は0から離れ、したがって分数部分が0から離れて、結果として R^2 決定係数は1から離れた値となります。つまり、R^2 決定係数の値が1に近いほど、その予測モデルは良いモデルであると言えます。

sklearn.linear_model の各クラスには関数 score があり、これはそのモデルの R^2 決定係数を返してくれます。これを使って、先ほど学習させた最小二乗法のモデルの R^2 決定係数を見てみましょう。

```
r2 = model.score(x, y)
print(r2)
```

次のように出力されます。

```
0.922682767841
```

このケースでは 0.922682767841 となりました。

4.2.4　$y = ax^2 + b$ を求める

2次方程式 $y = ax^2 + b$ を想定したデータについて求めてみましょう。ここでは $y = 3x^2 - 2$ としてデータを作成します。また、今回ははじめからバラつきを持たせてみます。

```
import matplotlib.pyplot as plt
import numpy as np

x = np.random.rand(100, 1)  # 0 〜 1 までの乱数を 100 個作る
```

```
x = x * 4 - 2                    # 値の範囲を -2 〜 2 に変更

y = 3 * x**2 - 2   # y = 3x^2 - 2

y += np.random.randn(100, 1)   # 標準正規分布（平均 0，標準偏差 1）の
                               # 乱数を加える
```

これでデータができました。

今回想定する2次方程式 $y = ax^2 + b$ の a、b を推定するにはどのようにすれば良いでしょうか。最初に述べた通り、この式は x については2次式ですが a、b については1次式ですので、線形回帰で解けます。今回の場合は x を二乗していますので、`LinearRegression.fit` にも x を二乗した値を渡せば良いわけです。

```
from sklearn import linear_model

model = linear_model.LinearRegression()
model.fit(x**2, y)   # x を二乗して渡す

plt.scatter(x, y, marker ='+')
plt.scatter(x, model.predict(x**2), marker='o')   # predict にも
                                                  # x を二乗して渡す
plt.show()
```

綺麗に2次曲線を描くような y が求まりました（図4-5）。

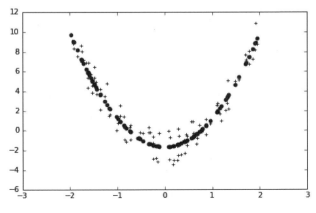

図 4-5 バラつきのある $y = 3x^2 - 2$ の予測結果

それでは係数 a と切片 b、そして R^2 決定係数を見てみましょう。

```
print(model.coef_)
print(model.intercept_)

print(model.score(x**2, y))    # x を二乗して渡す
```

次のように出力されます。

```
[[ 2.89086437]]
[-1.66123534]
0.928056357531
```

このケースでは $y = 2.89086437x^2 - 1.66123534$ となりました。データにバラつきを持たせる前の式 $y = 3x^2 - 2$ に近く、R^2 決定係数も 0.928056357531 で、かなり精度の高い予測になっています。

4.2.5 重回帰を試してみる

重回帰を試してみましょう。重回帰は複数の変数を使う式（例：$y = ax_1 + bx_2 + cx_3 + d$）を想定して解く回帰問題のことでしたね。

前項と同じく、まずは明らかに $y = ax_1 + bx_2 + c$ の関係になるようなデータを作り、本当に回帰問題が解けるかどうかを試してみます。ここでは $y = 3x_1 - 2x_2 + 1$ としてデータを作成してみましょう。

```
import matplotlib.pyplot as plt
import numpy as np

x1 = np.random.rand(100, 1)   # 0 ～ 1 までの乱数を 100 個作る
x1 = x1 * 4 - 2               # 値の範囲を -2 ～ 2 に変更

x2 = np.random.rand(100, 1)   # x2 についても同様
x2 = x2 * 4 - 2

y = 3 * x1 - 2 * x2 + 1

plt.subplot(1, 2, 1)
```

```
plt.scatter(x1, y, marker='+')
plt.xlabel('x1')
plt.ylabel('y')

plt.subplot(1, 2, 2)
plt.scatter(x2, y, marker='+')
plt.xlabel('x2')
plt.ylabel('y')

plt.tight_layout()
plt.show()
```

3次元のデータであるため、平面座標ではなかなか分かりづらいですが、とにかく図4-6のような分布になりました。

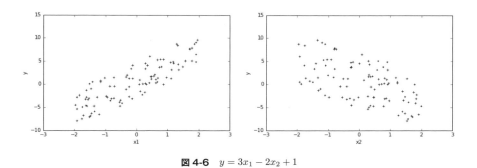

図 4-6 $y = 3x_1 - 2x_2 + 1$

では、この x_1、x_2 と y の関係について、最小二乗法 sklearn.linear_model.LinearRegression を使って求めてみましょう。

```
from sklearn import linear_model

x1_x2 = np.c_[x1, x2]   # [[x1_1, x2_1], [x1_2, x2_2], ...,
                        #  [x1_100, x2_100]] という形に変換

model = linear_model.LinearRegression()
model.fit(x1_x2, y)

y_ = model.predict(x1_x2)   # 求めた回帰式で予測
```

```
plt.subplot(1, 2, 1)
plt.scatter(x1, y, marker='+')
plt.scatter(x1, y_, marker='o')
plt.xlabel('x1')
plt.ylabel('y')

plt.subplot(1, 2, 2)
plt.scatter(x2, y, marker='+')
plt.scatter(x2, y_, marker='o')
plt.xlabel('x2')
plt.ylabel('y')

plt.tight_layout()
plt.show()
```

　線としては描けないので、元データ（＋）と予測値（●）を点としてプロットしました。ちょうど元データの上に予測値が重なっており、うまく予測できている様子が分かります（図 4-7）。

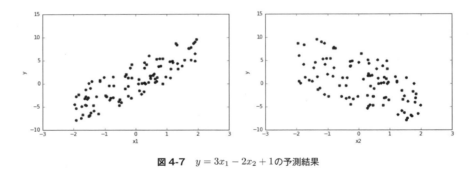

図 4-7　$y = 3x_1 - 2x_2 + 1$ の予測結果

　それでは、求めた回帰式の係数と切片、R^2 決定係数を見てみましょう。

```
print(model.coef_)
print(model.intercept_)

print(model.score(x1_x2, y))
```

次のように出力されます。

```
[[ 3. -2.]]
[ 1.]
1.0
```

これにより、回帰式は $y = 3x_1 - 2x_2 + 1$ となり、想定した式と同じになりました。また、回帰式と想定した式が一致しているので、決定係数 R^2 も 1.0 となりました。

それでは、今回もデータにバラつきを与えてみたらどうなるかを試してみましょう。

```
import matplotlib.pyplot as plt
import numpy as np

x1 = np.random.rand(100, 1)   # 0 〜 1 までの乱数を 100 個作る
x1 = x1 * 4 - 2               # 値の範囲を -2 〜 2 に変更

x2 = np.random.rand(100, 1)   # x2 についても同様
x2 = x2 * 4 - 2

y = 3 * x1 - 2 * x2 + 1

y += np.random.randn(100, 1)  # 標準正規分布（平均 0，標準偏差 1）の
                              # 乱数を加える
plt.subplot(1, 2, 1)
plt.scatter(x1, y, marker='+')
plt.xlabel('x1')
plt.ylabel('y')

plt.subplot(1, 2, 2)
plt.scatter(x2, y, marker='+')
plt.xlabel('x2')
plt.ylabel('y')

plt.tight_layout()
plt.show()
```

見た目ではよく分かりませんが、バラついたデータができました (図4-8)。

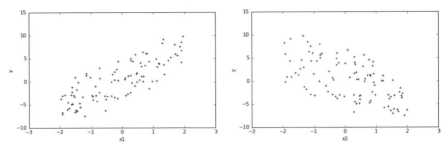

図4-8 バラつきのある $y = 3x_1 - 2x_2 + 1$

では、この x_1、x_2 と y の関係について最小二乗法 sklearn.linear_model.LinearRegression を使って求めてみましょう。

```python
from sklearn import linear_model

x1_x2 = np.c_[x1, x2]   # [[x1_1, x2_1], [x1_2, x2_2], ...,
                        #  [x1_100, x2_100]] という形に変換

model = linear_model.LinearRegression()
model.fit(x1_x2, y)

y_ = model.predict(x1_x2)   # 求めた回帰式で予測

plt.subplot(1, 2, 1)
plt.scatter(x1, y, marker='+')
plt.scatter(x1, y_, marker='o')
plt.xlabel('x1')
plt.ylabel('y')

plt.subplot(1, 2, 2)
plt.scatter(x2, y, marker='+')
plt.scatter(x2, y_, marker='o')
plt.xlabel('x2')
plt.ylabel('y')

plt.tight_layout()
```

```
plt.show()
```

先ほどのバラつきのないデータの場合とは異なり、元データ（＋）と予測値（●）が重ならないところがあることが分かります（図4-9）。

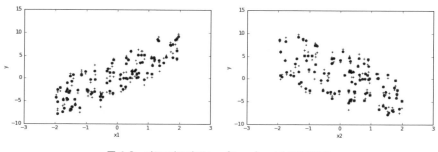

図4-9 バラつきのある $y = 3x_1 - 2x_2 + 1$ の予測結果

それでは、求めた回帰式の係数と切片、および R^2 決定係数を見てみましょう。

```
print(model.coef_)
print(model.intercept_)

print(model.score(x1_x2, y))
```

次のように出力されます。

```
[[ 2.86208861 -2.06471169]]
[ 0.90205915]
0.953658227928
```

今回も乱数を使用したデータなので皆さんの結果は異なると思います。このケースでは回帰式が $y = 2.86208861x_1 - 2.06471169x_2 + 0.90205915$ となり、係数は元の式のものに近い値が得られました。R^2 決定係数も 0.953658227928 となっており、元の式になかなか近いモデルであることが分かります。

4.3 機械学習における鬼門——過学習

3.3 節でも触れたように、過学習とは与えられた学習データに適応しすぎて未知のデータへの当てはまりが悪くなる状態を指します。すなわち汎化性能が上がらないということになります。機械学習において、この過学習をいかに抑えて汎化性能を確保するかは一大テーマです。

回帰問題においても過学習は大きな問題で、過学習に対応するための手法が提案されています。次節でそうした過学習対策を行った回帰の手法を説明しますが、その前に過学習がどのようなものか、もう少し詳しく見ておきましょう。

例として、式

$$y = 4x^3 - 3x^2 + 2x - 1 \tag{1}$$

にバラつきを付けたデータを、学習データを 30、検証用のテストデータを 70、合計 100 個用意した場合を考えます（図 4-10）。

```python
import matplotlib.pyplot as plt
import numpy as np

x = np.random.rand(100, 1)    # 0 〜 1 までの乱数を 100 個作る
x = x * 2 - 1                 # 値の範囲を -2 〜 2 に変更

y = 4 * x**3 - 3 * x**2 + 2 * x - 1

y += np.random.randn(100, 1)  # 標準正規分布（平均 0, 標準偏差 1）の
                              # 乱数を加える
# 学習データ 30 個
x_train = x[:30]
y_train = y[:30]

# テストデータ 70 個
x_test = x[30:]
y_test = y[30:]

plt.subplot(2, 2, 1)
plt.scatter(x, y, marker='+')
plt.title('all')
```

```
plt.subplot(2, 2, 2)
plt.scatter(x_train, y_train, marker='+')
plt.title('train')

plt.subplot(2, 2, 3)
plt.scatter(x_test, y_test, marker='+')
plt.title('test')

plt.tight_layout()
plt.show()
```

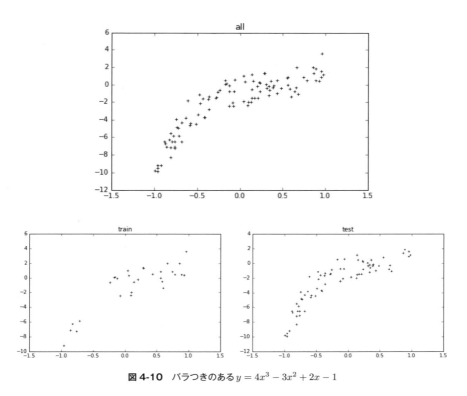

図 4-10 バラつきのある $y = 4x^3 - 3x^2 + 2x - 1$

　この回帰式を求めたいのですが、式 (1) は隠されているので式の次数は分かりません。ここでは 9 次式として `linear_model.LinearRegression` で学習させてみます。

```
from sklearn import linear_model

X_TRAIN = np.c_[x_train**9, x_train**8, x_train**7,
                x_train**6, x_train**5, x_train**4,
                x_train**3, x_train**2, x_train]

model = linear_model.LinearRegression()
model.fit(X_TRAIN, y_train)

print(model.coef_)
print(model.intercept_)
print(model.score(X_TRAIN, y_train))

plt.scatter(x_train, y_train, marker ='+')
plt.scatter(x_train, model.predict(X_TRAIN))
plt.show()
```

次のように出力されます。

```
[[ 316.71682731 -122.16222713 -644.78838941
   263.0930876   425.02112634 -181.96414085
   -89.05885762   37.72154147    3.74992362]]
[-1.14964451]
0.905277639976
```

表示されるグラフは図 4-11 のようになります。

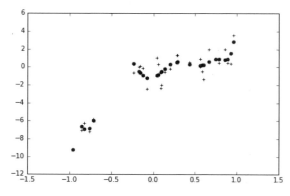

図 4-11 最小二乗法による学習結果

R^2 決定係数は 0.905277639976 で、かなり良い数値となっています。では、テストデータではどうでしょう。

```
X_TEST = np.c_[x_test**9, x_test**8, x_test**7,
               x_test**6, x_test**5, x_test**4,
               x_test**3, x_test**2, x_test]

print(model.score(X_TEST, y_test))

plt.scatter(x_test, y_test, marker ='+')
plt.scatter(x_test, model.predict(X_TEST))
plt.show()
```

次のように出力されます。

```
0.48888052701
```

表示されるグラフは図 4-12 のようになります。

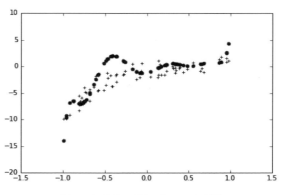

図 4-12 最小二乗法によるテスト結果

グラフを見て分かる通り、うまく予測できませんでした。決定係数 R^2 も 0.48888052701 と、学習データの場合と比較してかなり悪い数値となっています。まさしく過学習の状態です。

一般に過学習が発生するのは、学習データに対してモデルが複雑すぎる（表現力がありすぎる）ことによります。今回の場合は、元は4次式のところを9次式で回帰させたので、このようなことになりました。こうした場合に、データを増やす、モデルの複雑度を削減する、といった対応が考えられますが、一般には試行錯誤も必要で大変です。そこで、アルゴリズムで対処する方法も研究されており、その一例が次に紹介する罰則付き回帰です。

4.4　過学習への対応——罰則付き回帰

　これまで回帰を最小二乗法で説明してきました。最小二乗法は予測値と実際の値の誤差の二乗和を最小にするという手法でした。

　この最小にする対象として、誤差だけでなくモデルの複雑度を加味するようにしたのが、罰則付き回帰[注2]です。モデルの複雑度の反映させ方により、Ridge回帰やLasso回帰といった手法が知られています。ここではRidge回帰を使ってみましょう。

　Ridgeモデルは`sklearn.linear_model.Ridge`に実装されており、使い方は`LinearRegression`と同じです。

```
from sklearn import linear_model

model = linear_model.Ridge()
model.fit(X_TRAIN, y_train)

print(model.coef_)
print(model.intercept_)
print(model.score(X_TRAIN, y_train))

plt.scatter(x_train, y_train, marker ='+')
plt.scatter(x_train, model.predict(X_TRAIN))
plt.show()
```

注2　付録B.4節で罰則項の数学的説明をしています。より詳しい内容を知りたい方はそちらをご覧ください。

次のように出力されます。

```
[[ 0.5859716  -0.10869592  0.76387664
  -0.43896004  1.07351931 -1.01237622
   1.61671364 -1.83011989  2.41843551]]
[-0.68629831]
0.860705968655
```

表示されるグラフは図 4-13 のようになります。

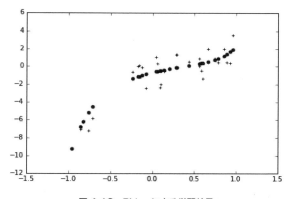

図 4-13 Ridge による学習結果

学習時の R^2 決定係数は 0.86 と `LinearRegression` の 0.90 に比べて低くなっていますが、グラフを見ると予測値（●）は元データ（+）の分布の中央を通っているように見えます。

では、テストデータを与えてみましょう。

```
print(model.score(X_TEST, y_test))

plt.scatter(x_test, y_test, marker ='+')
plt.scatter(x_test, model.predict(X_TEST))
plt.show()
```

次のように出力されます。

```
0.886257991858
```

表示されるグラフは図 4-14 のようになります。

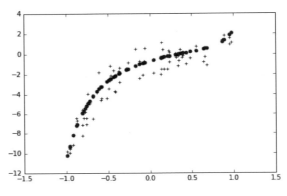

図 4-14 Ridge によるテスト結果

今度はテストデータでも、予測値（●）が元データ（+）の分布の中央を通っています。R^2 決定係数も 0.49 から 0.88 と改善されました。

4.5　様々な回帰モデル

これまでは、`sklearn.linear_model` のクラス、つまり線形回帰モデルを使って学習してきました。scikit-learn には線形回帰モデル以外にも様々な回帰モデルがあります。それらのモデルは、特に非線形回帰問題に対して使われます。

非線形回帰問題は、あるデータの集合が非線形な式に回帰することを想定する問題です。本章の最初に説明した通り、線形回帰とは想定するパラメータに対して線形かそうでないかのことですので、ご注意ください。x について線形でない 2 次式や 3 次式でも、パラメータの渡し方の工夫で線形回帰の仕組みで解いてきました。ここではそのような前処理なしに非線形回帰問題として解いてみます。

それでは、正弦波の関係 $y = \sin(x)$ にあるデータセットを擬似的に生成してみます。$-10 \leq x < 10$ の場合の y をランダムで 1,000 個作り、かつ ± 0.1 の間でラ

ンダムに値のバラつきを入れます。

```
import math

import numpy as np
import matplotlib.pyplot as plt

x = np.random.rand(1000, 1)    # 0 〜 1 までの乱数を 1000 個作る
x = x * 20 - 10                # 値の範囲を -10 〜 10 に変更

y = np.array([math.sin(v) for v in x])  # 正弦波カーブ
y += np.random.randn(1000)     # 標準正規分布（平均 0, 標準偏差 1）の
                               # 乱数を加える
```

まず最小二乗法で解くとどうなるか試してみます。

```
from sklearn import linear_model

model = linear_model.LinearRegression()
model.fit(x, y)

print(model.score(x, y))

plt.scatter(x, y, marker='+')
plt.scatter(x, model.predict(x), marker='o')
plt.show()
```

次のように出力されます。

```
0.0115587074084
```

表示されるグラフは図4-15のようになります。

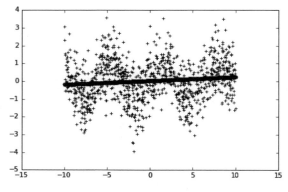

図 4-15　最小二乗法による予測結果

　今回は直線で近似させたので、当然当てはまりは良くはありません。そこで、非線形回帰問題として解いていきましょう。

　scikit-learnには（非線形）回帰問題を解くための様々なモデルが用意されています。クラス名の末尾に「R」や「Regressor」と付いているものがそれです。ここでは、前後の章で使われているサポートベクターマシンや、Random Forest、k-近傍法の回帰問題モデルを紹介します。

4.5.1　サポートベクターマシン（SVM）

サポートベクターマシンは分類問題で使用しましたが、回帰でも使用できます。回帰用のクラスは`sklearn.svm.SVR`です。

```
from sklearn import svm

model = svm.SVR()
model.fit(x, y)

print(model.score(x, y))

plt.scatter(x, y, marker='+')
plt.scatter(x, model.predict(x), marker='o')
plt.show()
```

次のように出力されます。

```
0.343573045081
```

表示されるグラフは図4-16のようになります。

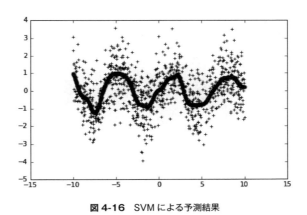

図4-16　SVMによる予測結果

R^2決定係数の数値は良くはありませんが、少しいびつな形ながら正弦波の分布をなぞった予測値になっています。

4.5.2　Random Forest

Random Forestも分類問題で使用しましたが、回帰でも使用できます。回帰問題用クラス sklearn.ensemble.RandomForestRegressor が用意されています。

```
from sklearn import ensemble

model = ensemble.RandomForestRegressor()
model.fit(x, y)

print(model.score(x, y))

plt.scatter(x, y, marker='+')
plt.scatter(x, model.predict(x), marker='o')
plt.show()
```

次のように出力されます。

```
0.823379430251
```

表示されるグラフは図 4-17 のようになります。

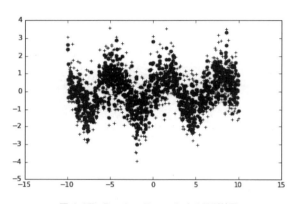

図 4-17 Random Forest による予測結果

4.5.3 k- 近傍法

k- 近傍法（k-nearest neighbor）はデータの近傍性に基づく手法です。未知のデータに対して、最も近い k 個の学習データを選び出すことが基礎にあります。クラス分類で使われることが多いのですが、値の平均を使うことで回帰問題にも適用できます。なお、クラスタリング問題でよく使われる k-means（k- 平均法、第5章で紹介します）は、名前は似ていますが異なる手法ですのでご注意ください。

k- 近傍法の回帰問題用のクラスは sklearn.neighbors.KNeighborsRegressor にあります。

```
from sklearn import neighbors

model = neighbors.KNeighborsRegressor()
model.fit(x, y)

print(model.score(x, y))
```

```
plt.scatter(x, y, marker='+')
plt.scatter(x, model.predict(x), marker='o')
plt.show()
```

次のように出力されます。

```
0.476059470544
```

表示されるグラフは図 4-18 のようになります。

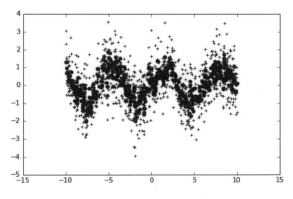

図 4-18 k-近傍法による予測結果

4.6　まとめ

　本章では回帰問題を実際に解きながらその扱いを学んできました。線形 / 非線形、単 / 重回帰それぞれについても見ました。回帰の性能を確認するために R^2 決定係数を使ってきました。

　今回はすべて、人工的に作成したデータを使用しました。scikit-learn には回帰用データセットとして boston（ボストンの家の値段のデータセット）や diabetes（糖尿病患者に関するデータセット）が含まれています。これらについてさらに試していくと理解が深まると思います。

第5章
クラスタリング

　クラスタリングとは、データの性質からデータの塊（クラスタ）を作る手法です。対象が 2 次元であれば、散布図により大まかな構造を見られます（図 5-1）。しかし対象が多次元である場合は想像がつきませんし、データが大量であれば人手で行うには無理があります。これを機械学習で実現するのがクラスタリングです。

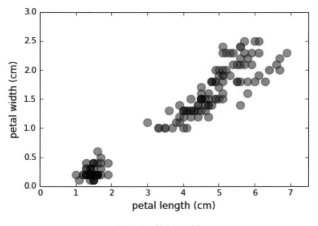

図 5-1　散布図の例

　本章では、クラスタリングの代表的な手法である k-means を取り上げ、実行と評価を行います。その後でその他のクラスタリング手法を試していきます。

　まずは、本章で利用するデータセットの説明から始めます。

5.1 iris データセット

5.1.1 iris データセットとは

　この章では iris データセットを使用します。iris は「あやめ」に関するデータセットで「フィッシャーのあやめ」とも呼ばれています。データの内容は以下のようになっています。

- **データの内容**
  3 種類のあやめについて、それぞれ 50 個の測定データ
- **測定データの内訳**
  ガクの長さ、ガクの幅、花弁の長さ、花弁の幅、花の種類

　データの件数が少なく取り扱いやすいことから、統計学のチュートリアルでは基本的なデータセットとして使われています。scikit-learn に限らず各種の統計パッケージにも添付されています。
　花の種類が分かっているので教師あり学習（分類問題）にも用いることができますが、本章では花の種類の情報なしでクラスタリングを実行してみます。

ミニ知識　フィッシャーのあやめ

　iris データセットは、このデータセットの値を公開して統計学的な分析を行ったイギリスの統計学者 Ronald Fisher（1890-1962）の名前にちなんだものです。現代では統計学の学習にしばしば使われています。
　このデータセットは、イギリスの植物学者 Edgar Anderson（1897-1969）が 3 種類のあやめの遺伝的分化を解き明かす目的で多数の個体の大きさを測定したことを発端に、整備されたものです。Fisher の論文は実際の値を公開するとともに、より高度な統計学的手法を適用した分析を行っています。

5.1.2 scikit-learn における iris データセット

　まずは iris データを読み込んでみましょう。scikit-learn では iris データを読み出すための API として `sklearn.datasets.load_iris()` が用意されていま

す。これを使って以下のようにしてデータを取得できます。

```
from sklearn import datasets
iris = datasets.load_iris()
```

この iris は辞書型で、次のキーを持ちます。

- **DESCR**
  「フィッシャーのあやめ」データの説明が登録されています。英語ですが平易な文章ですので、是非一度は print(iris['DESCR']) を実行して読んでみてください。
- **data**
  あやめの測定値が登録されています。
  ```
  print(iris['data'])
  ```
  以下のように出力されます。
  ```
  [[5.1, 3.5, 1.4, 0.2],
   [4.9, 3. , 1.4, 0.2],
  (途中省略)
   [5.9, 3. , 5.1, 1.8]]
  ```
  測定値の内容は，以下のような意味です。
  ```
  iris['data'][i]      # i個目のあやめのデータ
  iris['data'][i][j]   # i個目のあやめのデータのj番目のデータ属性
  ```
  データ属性 j = 0〜3 は、iris['feature_names'][0]〜iris['feature_names'][3] に対応します。
- **target**
  あやめの品種が ID 番号で登録されています。
  ```
  print(iris['target'])
  ```
  以下のように出力されます。
  ```
  [0,0, 0, （途中省略）2, 2, 2]
  ```

ID番号0〜2はiris['target_names'][0]〜iris['target_names'][2]に対応します。

- **target_names**

あやめの品種が登録されています。

```
print(iris['target_names'])
```

以下のように出力されます。

```
['setosa','versicolor', 'virginica']
```

- **feature_names**

データ属性の名前が登録されています。

```
print(iris['feature_names'])
```

以下のように出力されます。

```
['sepal length (cm)', 'sepal width (cm)', 'petal length (cm)', 'petal width(cm)']
```

5.2 代表的なクラスタリング手法——k-means

クラスタリングには様々な手法が知られていますが、ここでは最もよく使われるk-meansを取り上げ、説明していきます。

k-meansは1950年代にはじめて論文の形で発表された手法です。比較的古い手法ですが、計算が簡単で直感的に分かりやすいため、現代でもクラスタリング手法としてよく使われます。

5.2.1 k-meansによるクラスタリング手順

k-meansはクラスタ数を予め指定し、漸進的にクラスタ化を進める手法です。以下の手順でクラスタ化を行います。

① 各データを何らかの手段でクラスタに割り振ります。クラスタ中心を最初に決めて初期クラスタを形成する場合もあります。初期化手法はランダムでも構いませんが、後々の計算が効率的にできるk-means++法という手法もよく使われます。

② クラスタごとに中心を計算します。一般にはクラスタに属するデータ点の算術平均を用いることが多いでしょう。
③ 各データからクラスタ中心への距離を求め、もしデータが最も近いクラスタ以外に属しているようなら、データの所属を最も近いクラスタに変更します。
④ ③の手順でクラスタが変更になっていなければ、もしくは事前に決めた閾値よりも変化量が小さければ、処理を終了します。
⑤ 新しいクラスタの割り振りを使って、②からの処理をやり直します。

k-means でクラスが形成されていく様子を見てみましょう。図 5-2 はデータを 3 つのクラスタに分ける実行例です。最初の①の段階ではクラスタ化されていないので、すべて●になっています。②以降はクラスタが形成されていきます（小さな●、▲、★がデータ点）。大きな○、△、☆は当該クラスタの中心を表します。

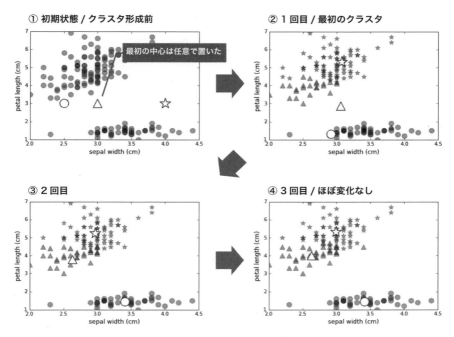

図 5-2 k-means の実行の様子

手順②〜⑤を繰り返すことでクラスタが形成されていることが分かります。この手順を実行して図 5-2 のように実行の様子を画像で出力するソースコードを、5-1-kmeans-graph.py というファイル名で公開してありますので、興味のある読者は実行してみてください。

5.2.2　k-means の実行

scikit-learn における k-means は、これまでの章で説明してきた分類と同様に、対応する分類器を作ってから fit、つまり学習させる流れになります。iris データをロードして k-means で 3 つのクラスタを作る場合は以下のようなコードとなります。

```
1  from sklearn import cluster
2  from sklearn import datasets
3
4  iris = datasets.load_iris()
5  data = iris['data']
6
7  model = cluster.KMeans(n_clusters=3)
8  model.fit(data)
```

4 行目は iris データをロードしている部分です。

scikit-learn においてクラスタリングは sklearn.cluster モジュールにまとまっています。そのためまずこれをロード（**5 行目**）し、クラスタリングを実行します。k-means は sklearn.cluster.KMeans にありますので、これを指定して fit を呼び出すと k-means によるクラスタ化が行われます。戻り値の属性にクラスタリング結果の各種情報が含まれます（次項参照）。分類の結果ラベルのみが欲しい場合は fit_predict メソッドを呼び出してください。

パラメータ n_clusters=3 でクラスタ数を指定します。n_clusters のデフォルト値は 8 です。通常指定するのはこの n_clusters のみです。

より細かい動作を指定するためのパラメータも存在します。それらは必要になった時点で API ドキュメントを参照するのが良いでしょう。

5.2.3 クラスタリング結果

クラスタリングの結果は、分類器の属性、つまりインスタンス変数に保存されています。関連する項目は以下の通りです。

- **cluster_centers_**
  クラスタ中心の座標です。
- **labels_**
  各点に対するラベルです。
- **inertia_**
  各データ点からそれぞれが属するクラスタの中心までの距離の総和です。

クラスタリングの結果は labels_ にあります。

```
print(model.labels_)
```

次のように出力されます。

```
[ 0 0 0 0 （中略） 2 1 1 2]
```

クラスタは 0 〜 2 でラベル化されています。対応するデータがどのクラスタに属しているかを示します。

5.2.4 結果の可視化

クラスタリングの結果を可視化してみます。各データには 4 つの属性値がありますが、まずは花弁の長さ（petal length）と幅（petal width）で散布図を描いてみます（リスト 5-1）。

リスト 5-1 クラスタリングの実行と散布図描画

```
1  import matplotlib.pyplot as plt
2  from sklearn import cluster
3  from sklearn import datasets
4
```

```
 5  # iris データをロード
 6  iris = datasets.load_iris()
 7  data = iris['data']
 8
 9  # 学習 → クラスタの生成
10  model = cluster.KMeans(n_clusters=3)
11  model.fit(data)
12
13  # 学習結果のラベル取得
14  labels = model.labels_
15
16  # グラフの描画
17  ldata = data[labels == 0]
18  plt.scatter(ldata[:, 2], ldata[:, 3],
19              c='black', alpha=0.3, s=100, marker="o")
20
21  ldata = data[labels == 1]
22  plt.scatter(ldata[:, 2], ldata[:, 3],
23              c='black', alpha=0.3, s=100, marker="^")
24
25  ldata = data[labels == 2]
26  plt.scatter(ldata[:, 2], ldata[:, 3],
27              c='black', alpha=0.3, s=100, marker="*")
28
29  plt.xlabel(iris['feature_names'][2])
30  plt.ylabel(iris['feature_names'][3])
31
32  plt.show()
33
```

すでに説明している通り、**5-11行目**はデータのロードとクラスタリングの実行です。それ以降の部分は散布図を描画しているコードです。**17-19、21-23、25-27行目**ではクラスタごとにマーカーを変えて描画しています。

今回クラスタ数を3としていますが、そのうち1つ（▲）はよく分離しています。残り2つ（●、★）は一部混じっていることが見て取れます（図5-3）。

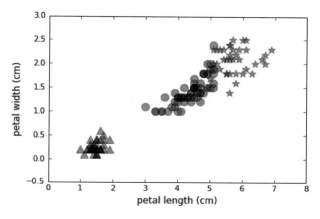

図 5-3 花弁の長さと幅によるクラスタリング結果の散布図

それでは他の軸ではどのように見えるでしょうか。4つの属性値のうち、2ずつの組み合わせ（6種類）について散布図を作ってみます（リスト 5-2）。

リスト 5-2 クラスタリング結果の可視化（6図一括）

```
1  import matplotlib.pyplot as plt
2  from sklearn import cluster
3  from sklearn import datasets
4
5
6  # iris データをロード
7  iris = datasets.load_iris()
8  data = iris['data']
9
10 # 学習 → クラスタの生成
11 model = cluster.KMeans(n_clusters=3)
12 model.fit(data)
13
14 # 学習結果のラベル取得
15 labels = model.labels_
16
17
18 ### グラフの描画
19
20 MARKERS = ["v", "^", "+", "x", "d", "p", "s", "1", "2"]
21
```

```
22  # 指定されたインデックスの feature 値で散布図を作成する関数
23  def scatter_by_features(feat_idx1, feat_idx2):
24      for lbl in range(labels.max() + 1):
25          clustered = data[labels == lbl]
26          plt.scatter(clustered[:, feat_idx1], clustered[:, feat_idx2],
27                      c='black', alpha=0.3, s=100,
28                      marker=MARKERS[lbl], label='label {}'.format(lbl))
29
30      plt.xlabel(iris['feature_names'][feat_idx1], fontsize='xx-large')
31      plt.ylabel(iris['feature_names'][feat_idx2], fontsize='xx-large')
32
33
34  plt.figure(figsize=(16, 16))
35
36  # feature "sepal length" と "sepal width"
37  plt.subplot(3, 2, 1)
38  scatter_by_features(0, 1)
39
40  # feature "sepal length" と "petal length"
41  plt.subplot(3, 2, 2)
42  scatter_by_features(0, 2)
43
44  # feature "sepal length" と "petal width"
45  plt.subplot(3, 2, 3)
46  scatter_by_features(0, 3)
47
48  # feature "sepal width" と "petal length"
49  plt.subplot(3, 2, 4)
50  scatter_by_features(1, 2)
51
52  # feature "sepal width" と "petal width"
53  plt.subplot(3, 2, 5)
54  scatter_by_features(1, 3)
55
56  # feature "petal length" と "petal width"
57  plt.subplot(3, 2, 6)
58  scatter_by_features(2, 3)
59
60  plt.tight_layout()
61  plt.show()
```

3つのクラスタのうち、1つは各グラフ上で分かりやすく分類できそうですが、残り2つのクラスタは少し領域が混ざっていて、区別が難しそうなことが分かります（図5-4）。

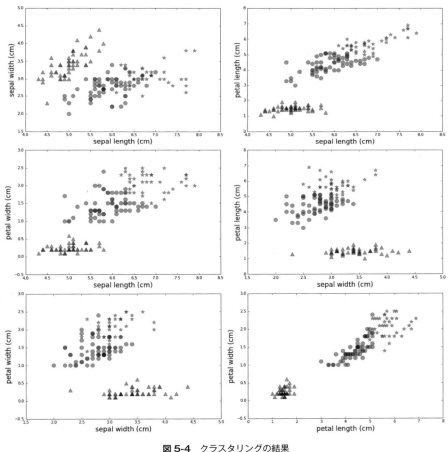

図 5-4 クラスタリングの結果

5.2.5 花の種類とクラスタの関係

今回は各データのあやめの種類が分かっていますので、クラスタ分析の結果と照らし合わせてみましょう。花の種類を正解と見立てれば、分類問題で説明した精度指標がそのまま使用できます。

まずは混同行列（Confusion Matrix）を見てみます。

```
>>> from sklearn import metrics
>>> print(metrics.confusion_matrix(iris['target'], model.labels_))
```

結果は以下のようになりました。

```
[[50  0  0]
 [ 0 48  2]
 [ 0 14 36]]
```

先述の `target_names` を見てみましょう。

```
>>> iris['target_names']
array(['setosa', 'versicolor', 'virginica'], dtype='|S10')
```

混同行列は表5-1のようになります。

表5-1 k-meansによる花の種類の検出の混同行列

		予測		
		setosa	versicolor	virginica
真値	setosa	50	0	0
	versicolor	0	48	2
	virginica	0	14	36

setosa は完全に分類できていますが、versicolor と virginica の分類は一部が混ざっているという結果でした。ある程度は花の種類とクラスタが対応していると言えそうです。

先ほど作成したクラスタ分析結果の可視化グラフを見ると、例えば左上のpetal-widthとsepal-lengthで作成した散布図では、左下のほうに点が集まっています。これがsetosaです。右上のほうで混ざっているのがversicolorとvirginicaです。

5.3　その他のクラスタリング手法

　ここまでk-meansによるクラスタリングを見てきましたが、クラスタリング手法はこれだけではありません。クラスタリングは大きく分けて、階層的（hierarchical）と非階層的（non-hierarchical）の2つに分類できます。

- **階層的クラスタリング**
  データを階層的に分類していく方法です。手法としてはさらに、トップダウン的に分割していく分枝（divisive）タイプとボトムアップ的に形成する凝集（agglomerative）タイプの2つに分かれます。実際には計算量の問題から凝集タイプが使われることが多いようです。
- **非階層的クラスタリング**
  クラスタ形成において階層を意識せず、評価関数を定義することにより当該評価関数が最適になるよう分割を実現する手法です。k-meansはこれにあたります。

　ここでは、階層的凝集型クラスタリングと、近年提案された非階層的クラスタリングの手法であるAffinity propagationを取り上げ、その結果を比較してみます。

5.3.1　階層的凝集型クラスタリング

　階層的凝集型クラスタリングはデータ1つがクラスタ1つに属する状態から始めて、距離の近いクラスタ同士を併合し凝集させることで全データが必要数のクラスタにまとまるまでクラスタリングを進めていく手法です。手法の特性から結果をデンドログラム（dendrogram／樹状図・系統樹）で表示できます（図5-5）。

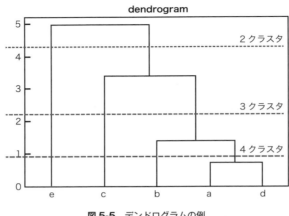

図 5-5　デンドログラムの例

階層的凝集型クラスタリングでは、切る位置によりクラスタ数を変更できます。凝集型クラスタリングの実現にはクラスタを凝集させるためのアルゴリズムが必要で、最短距離法、最長距離法、群平均法、ウォード法などいくつもの手法が知られています。scikit-learn では凝集的クラスタリングは AgglomerativeClustering にまとめられており、アルゴリズムはこの中のパラメータで指定するようになっています。

クラスタリングを実行するためには、指定するクラス名を変更しパラメータを調整するだけです。リスト 5-1 を例に取れば、10 行目を以下のように書き換えるだけです。

```
model = cluster.AgglomerativeClustering(n_clusters=3,
                                        linkage='ward')
```

凝集アルゴリズムは linkage パラメータで指定します。上記の例ではウォード法を指定しています。

図 5-6 に k-means と AgglomerativeClustering（ウォード法）の結果を示します。iris データではあまり差は出ませんでした。

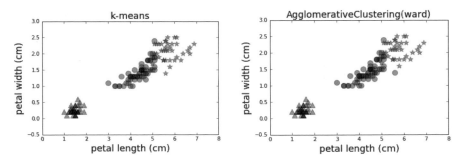

図 5-6 k-means と AgglomerativeClustering（ウォード法）

なお、クラスタを形成している系統樹の情報は `model.children_` に含まれています。

5.3.2 非階層的クラスタリング Affinity propagation

Affinity propagation は、近年提案された非階層的クラスタリングの手法です。k-means に比べて誤差が少ない、クラスタ数を予め決めておく必要がない（アルゴリズムが自動で決定します）、初期状態に依存しないなどのメリットがあります。一方、計算量が多く大規模計算が難しいというデメリットもあります。

クラスタリングの実行は、階層的凝集型クラスタリングと同様に、指定するクラス名を変更しパラメータを調整するだけです。リスト 5-1 を例に取れば、10 行目を以下のように書き換えます。クラスタ数は指定しません（必要ありません）。

```
model = cluster.AffinityPropagation()
```

Affinity propagation のクラスタリング結果を図 5-7 に示します。クラスタは 7 つに分割されました。k-means とラベルの順番が異なるため直接比較しにくい点はご容赦ください。

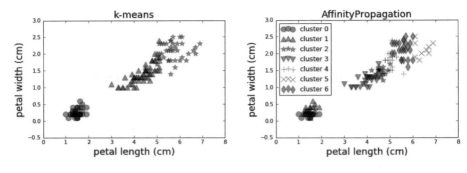

図 5-7　k-means と AffinityPropagation の結果

5.4　まとめ

本章では k-means を例題にクラスタリングの実行と可視化を行いました。また、それ以外のクラスタリング手法を概観しました。

クラスタリングは正解がなくとも実行できるので、データを探索しているときにも使用できます。クラスタリングの結果は、使用したクラスタリングアルゴリズムが見出した共通性による分類です。クラスタの意味付けは人が行わなければなりません。クラスタリングは洞察のための道具と見ることもできます。

第3部

実践編

第2部では分類・回帰・クラスタリングと、個別の手法について見てきました。第3部ではより実践的に機械学習を使っていきます。
ここでは手形状分類とセンサデータによる回帰を扱います。データと、それをどのように集め取り扱うか、性能をどうやって上げていくかを、ステップを踏みながら体験していきます。

第6章

画像による手形状分類

　本章では応用事例として、手の画像から形状を分類する手形状分類器を作成していきます。

　ここまでは scikit-learn に含まれるサンプルや人工的に作成したデータで各種手法を見てきましたが、ここでは実際に取得したデータを元に分類器を作成していきます。ステップバイステップで順次分類器を作成していくプロセスを体験してください。

6.1　課題の設定

　手形状分類器がどのようなものかを決めておきましょう。図6-1のような片手でできる6つの形状を学習させ、そのパターンを分類器で分類させます。

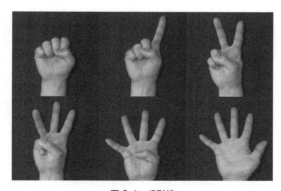

図 6-1　手形状

ここでは以下のような手形状分類器を作っていきます。

- 右手、手のひら側を撮影した画像を入力とする
- 6種類の手形状を分類する
- 不特定多数の、成人の手を対象とする
- 正答率80%を目標とする

6.2 最初の学習

そもそも機械学習でこのような分類器を作ることができるのでしょうか？ まずは、問題の特徴をつかむために小さな学習を行って感触をつかんでいきましょう。

6.2.1 データの準備

図6-1で示した6種類の手形状を撮影します。カラー画像とし、枚数は1形状あたり10枚の計60枚とします。手形状が分類できるかどうかにフォーカスするため、背景はなるべく単純なものとします。

撮影したデータは、以下の形式に揃えました。

- サイズ：40 × 40 ピクセル
- 24bit カラー画像
- ファイル形式：PNG

ラベルは伸ばした指の数としました。各画像はラベル名と同じ名前のディレクトリに保存するものします（図6-2）。

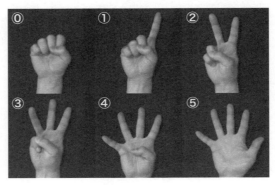

図6-2 手形状とラベル

6.2.2 学習の実施

各ラベル10枚の画像のうち、8枚を学習に利用し、2枚をテストに使うことにします。

アルゴリズムには、分類問題でよく使われる Linear Support Vector Classification (Linear SVC) を利用することにしました。Linear SVC は分類性能が高く、外れデータにも強いため、各種アルゴリズムを比較する場合のベースライン（基準）として採用されることが多いアルゴリズムです。多くの問題に対して汎用的に使えるので、データの性質がまだよく分からない場合には手頃な選択となります。scikit-learn では `sklearn.svm.LinearSVC` にあります。

リスト6-1は、学習／テスト用スクリプト（trial_handsign_SVM.py）です。

リスト6-1 trial_handsign_SVM.py

```python
# -*- coding: utf-8 -*-
import os
import sys
import glob
import numpy as np
from skimage import io
from sklearn import datasets

IMAGE_SIZE = 40
COLOR_BYTE = 3
CATEGORY_NUM = 6

## ラベル名(0～)を付けたディレクトリに分類されたイメージファイルを読み込む
## 入力パスはラベル名の上位のディレクトリ
def load_handimage(path):

    # ファイル一覧を取得
    files = glob.glob(os.path.join(path, '*/*.png'))

    # イメージとラベル領域を確保
    images = np.ndarray((len(files), IMAGE_SIZE, IMAGE_SIZE,
                         COLOR_BYTE), dtype = np.uint8)
    labels = np.ndarray(len(files), dtype=np.int)

    # イメージとラベルを読み込み
    for idx, file in enumerate(files):
```

```
27        # イメージ読み込み
28        image = io.imread(file)
29        images[idx] = image
30
31        # ディレクトリ名よりラベルを取得
32        label = os.path.split(os.path.dirname(file))[-1]
33        labels[idx] = int(label)
34
35    # scikit-learn の他のデータセットの形式に合わせる
36    flat_data = images.reshape((-1, IMAGE_SIZE * IMAGE_SIZE * COLOR_BYTE))
37    images = flat_data.view()
38    return datasets.base.Bunch(data=flat_data,
39                 target=labels.astype(np.int),
40                 target_names=np.arange(CATEGORY_NUM),
41                 images=images,
42                 DESCR=None)
43
44 #######################################
45 from sklearn import svm, metrics
46
47 ## 学習データのディレクトリ、テストデータのディレクトリを指定する
48 if __name__ == '__main__':
49     argvs = sys.argv
50     train_path = argvs[1]
51     test_path = argvs[2]
52
53     # 学習データの読み込み
54     train = load_handimage(train_path)
55
56     # 手法:線形SVM
57     classifier = svm.LinearSVC()
58
59     # 学習
60     classifier.fit(train.data, train.target)
61
62     # テストデータの読み込み
63     test = load_handimage(test_path)
64
65     # テスト
66     predicted = classifier.predict(test.data)
67
68     # 結果表示
```

```
69      print("Accuracy:\n%s" % metrics.accuracy_score(test.target, predicted))
```

15 行目から始まる関数は、指定したディレクトリからデータを読み出す処理をまとめたものです。

21-23 行目では、画像データと、データに対応するラベルを格納するための領域を確保しています。**28 行目**で画像データを読み出し、**32 行目**では画像のパスからラベル名を切り出しています。

スクリプトを起動すると、**54 行目**で先ほどの load_handimage() を呼び出し、学習データを train に格納します。**57 行目**で LinearSVC の分類器を用意し、**60 行目**で学習を行います。

63 行目で今度はテストデータを読み出した後、**66 行目**でこれを学習済みの分類器に入力し、ラベルを予測します。

スクリプトとデータは、図 6-3 のように配置します。

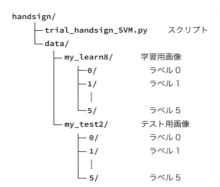

図 6-3 スクリプトとデータの配置

本スクリプトの引数は以下の通りです。

```
python trial_handsign_SVM.py <dir_learn> <dir_test>
    dir_learn       学習用画像のディレクトリ
    dir_test        テスト用画像のディレクトリ
```

スクリプトを実行すると以下のようになりました。

```
>>> run trial_handsign_SVM.py ./data/my_learn8 ./data/my_test2

Accuracy:
0.916666666667
```

　正答率（Accuracy）が約91.7％と、なかなかの数値です。1人分の手形状であれば、十分に分類できることが分かりました。手の形状は機械学習で分類可能と考えて良さそうです。

　それでは他の人の手形状は判別できるのでしょうか。新たに別な人の画像でテストしてみましょう。先ほどと同様、テスト用に各ラベル2枚の画像を用意しました。学習データは先ほどと同様に自分の手です。今度は先ほどテストデータとして別に分けておいた画像も学習データに含めました。図6-4のように配置します。

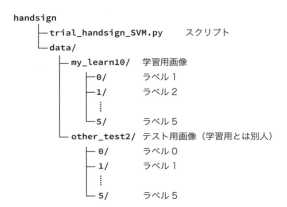

図6-4　他人の画像で試すためのスクリプトとデータの配置

同じスクリプト（trial_handsign_SVM.py）で実行します。

```
>>> run trial_handsign_SVM.py ./data/my_learn10 ./data/other_test2

Accuracy:
0.166666666667
```

正答率約 16.7%、低い数値です。やはり 1 人だけの学習では他の人の分類は難しいようです。つまり汎化性能が獲得できていないのですね。

6.3 汎化性能を求めて──人を増やしてみる

自分の手形状を学習した分類器で、自分の手形状を分類することはできました。ただし、そうした分類器では他の人の手形状を分類するのは難しいことも分かりました。やはり学習は幅広くやるべきではないでしょうか。まずは対象を 4 人に増やして試してみましょう。

6.3.1 データの準備

友人 3 名にモデルになってもらえるよう依頼し、自分と合わせて 4 名分のデータを準備しました。前節では各形状 10 枚の画像としましたが、今後のことも考え今度は各形状 100 枚にしました。

先行して 1 名分のデータを用意し、前節のスクリプトを利用して分類を行ったところ、正答率は 100% となりました。かなりいけそうです。これでいくことにしましょう。

機械学習で画像を取り扱う場合、撮影条件の違いは判別性能に悪影響を与えます。被写体までの距離や背景、照明などの撮影条件を揃えるために、撮影用の治具を用意しました (図 6-5)。

図 6-5 撮影風景

撮影したデータは、前節と同じく 40 × 40 ピクセルにし、人ごとのフォルダに格納しました。

6.3.2 学習と評価

それでは学習をしてみましょう。4 名のうち 3 名分のデータを学習に利用し、残りの 1 名分をテストデータとして利用します。

スクリプト（classify_handsign_1.py）をリスト 6-2 に示します。変更部分は太字で示しています。44 行目以前は、リスト 6-1 で示した以前のスクリプト（trial_handsign_SVM.py）と同一であるため、省略しています。

リスト 6-2 classify_handsign_1.py（抜粋）

```
45  from sklearn import svm, metrics
46
47  ## usage:
48  ##     python classify_handsign_1.py <n> <dir_1> <dir_2> ... <dir_m>
49  ##       n          テストデータディレクトリ数。先頭n個をテストとして使用
50  ##       dir_1      データディレクトリ1
51  ##       dir_m      データディレクトリm
52
53  if __name__ == '__main__':
54      argvs = sys.argv
55
56      # テスト用ディレクトリ数の取得
57      paths_for_test = argvs[2:2+int(argvs[1])]
58      paths_for_train = argvs[2+int(argvs[1]):]
59
60      print('test ', paths_for_test)
61      print('train', paths_for_train)
62
63      # テストデータの読み込み
64      data = []
65      label = []
66      for i in range(len(paths_for_test)):
67          path = paths_for_test[i]
68          d = load_handimage(path)
69          data.append(d.data)
70          label.append(d.target)
71      test_data = np.concatenate(data)
72      test_label = np.concatenate(label)
```

```
73
74     # 学習データの読み込み
75     data = []
76     label = []
77     for i in range(len(paths_for_test)):
78         path = paths_for_train[i]
79         d = load_handimage(path)
80         data.append(d.data)
81         label.append(d.target)
82     train_data = np.concatenate(data)
83     train_label = np.concatenate(label)
84
85     # 手法:線形SVM
86     classifier = svm.LinearSVC()
87
88     # 学習
89     classifier.fit(train_data, train_label)
90
91     # テスト
92     predicted = classifier.predict(test_data)
93
94     # 結果表示
95     print("Accuracy:\n%s" % metrics.accuracy_score(test_label, predicted))
```

スクリプトで使用している load_handimage() 関数は、これまでと同じものを利用しています。

本スクリプトの引数は以下の通りです。学習およびテストに利用する画像データのディレクトリを複数指定可能としました。先頭の n 個をテストデータとして利用します。

```
python classify_handsign_1.py <n> <dir_1> <dir_2> ... <dir_m>
    n           テストデータディレクトリ数
    dir_1       データディレクトリ1
    dir_2       データディレクトリ2
    ...
    dir_m       データディレクトリm
```

コードの変更点はこれらのデータ読み込み処理部分であり、これに伴いデータの持ち方にも小さな変更が入っています。

スクリプトとデータは、図6-6のように配置します。

図6-6 3名分を学習に、1名分をテスト用にする構成

スクリプトを実行します。

```
>>> run classify_handsign_1.py 1 ./data/m01 ./data/m02 ./data/m03 ./data/m04

test  ['./data/m01']
train ['./data/m02', './data/m03', './data/m04']
Accuracy:
0.471666666667
```

正答率は約47.2％となりました。そこそこの数値に思えます。

続いて、前節では正答率が16.7％だったother_test2で確認してみましょう。other_test2フォルダにデータを格納してスクリプトを実行します。

```
>>> run classify_handsign_1.py 1 ./data/other_test2 ./data/m02 ./data/m03 ./data/m04

test  ['./data/other_test2']
train ['./data/m02', './data/m04', './data/m03']
Accuracy:
0.666666666667
```

約66.7％となりました。16.7％から大幅な上昇です。やはり学習の人数を増やすのは良い方向に働いています。

6.4 さらに人数を増やしてみる

　人数を増やすと性能が向上することが分かりました。でも、まだまだ求める性能には達していません。人数をさらに増やすと、性能がどの程度向上するかを確認してみましょう。

6.4.1 データの準備

　前節では 4 名でしたが、ここでは 16 名に増やして評価してみましょう。
　m05～m16 の、12 名分のデータを新たに撮影しました。データの枚数は、これまでと同様にラベル 0 から 5 の全 6 カテゴリで、それぞれ 100 枚ずつです。

6.4.2 学習と評価

　前節では 3 名分を学習用として利用し、1 名分でテストを行いました。しかし、これではテストに利用した手形状が個性的であった場合に、正当に評価することができない可能性があります。
　そこでここでは、12 名分を学習用とし、4 名分をテスト用としましょう。前節と同様に、m01 をテスト用、m02～m04 は学習用としておきます。そして、それぞれに新たに撮影したデータを追加します（図 6-7）。

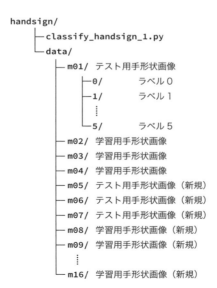

図 6-7　12 名分を学習に、4 名分をテスト用にする構成

計算には、前節と同様に classify_handsign_1.py を利用します。第 1 引数にテスト用ディレクトリ数の 4 を指定します。

```
>>> run classify_handsign_1.py 4 ./data/m01 ./data/m05 ./data/m06 ./
data/m07 ./data/m02 ./data/m03 ./data/m04 ./data/m08 ./data/m09 ./
data/m10 ./data/m11 ./data/m12 ./data/m13 ./data/m14 ./data/m15 ./
data/m16

test  ['./data/m01', './data/m05', './data/m06', './data/m07']
train ['./data/m02', './data/m03', './data/m04', './data/m08', './
data/m09', './data/m10', './data/m11', './data/m12', './data/m13',
'./data/m14', './data/m15', './data/m16']
Accuracy:
0.645416666667
```

前節の m01 の正答率（m02〜m04 を学習）が 47.2% でしたので、64.5% というのは大幅な向上です。

ただしこの 64.5% という正答率は、m01、m05、m06、m07 の平均の数値であり、これだけでは m01 の正答率がどのように変化したかを見ることができません。

そこで classify_handsign_1.py を改修し、個々の性能指標を出力できるようにしましょう。合わせて、ラベル別の性能指標も出力するようにします。

改修したスクリプト（classify_handsign_2.py）をリスト 6-3 に示します。変更部分は太字で示しています。44 行目以前は、リスト 6-2 で示した以前のスクリプト（classify_handsign_1.py）と同一であるため、省略しています。

リスト 6-3 classify_handsign_2.py（抜粋）

```
45  from sklearn import svm, metrics
46
47  ## usage:
48  ##    python classify_handsign_1.py <n> <dir_1> <dir_2> ... <dir_m>
49  ##      n          テストデータディレクトリ数
50  ##      dir_1      データディレクトリ1
51  ##      dir_m      データディレクトリm
52
53  if __name__ == '__main__':
54      argvs = sys.argv
55
```

```
56      # テスト用ディレクトリ数の取得
57      paths_for_test = argvs[2:2+int(argvs[1])]
58      paths_for_train = argvs[2+int(argvs[1]):]
59
60      print('test ', paths_for_test)
61      print('train', paths_for_train)
62
        # テストデータの読み込み
        data = []
        label = []
        for i in range(len(paths_for_test)):
            path = paths_for_test[i]
            d = load_handimage(path)
            data.append(d.data)
            label.append(d.target)
        test_data = np.concatenate(data)
        test_label = np.concatenate(label)

63      # 学習データの読み込み
64      data = []
65      label = []
66      for i in range(len(paths_for_train)):
67          path = paths_for_train[i]
68          d = load_handimage(path)
69          data.append(d.data)
70          label.append(d.target)
71      train_data = np.concatenate(data)
72      train_label = np.concatenate(label)
73
74      # 手法:線形SVM
75      classifier = svm.LinearSVC()
76
77      # 学習
78      classifier.fit(train_data, train_label)
79
80      for path in paths_for_test:
81          # テストデータの読み込み
82          d = load_handimage(path)
83
84          # テスト
85          predicted = classifier.predict(d.data)
86
```

```
87          # 結果表示
88          print("### %s ###" % path)
89          print("Accuracy:\n%s"
90              % metrics.accuracy_score(d.target, predicted))
91          print("Classification report:\n%s\n"
92              % metrics.classification_report(d.target, predicted))
```

それでは実行してみましょう。

```
>>> run classify_handsign_2.py 4 ./data/m01 ./data/m05 ./data/m06 ./
data/m07 ./data/m02 ./data/m03 ./data/m04 ./data/m08 ./data/m09 ./
data/m10 ./data/m11 ./data/m12 ./data/m13 ./data/m14 ./data/m15 ./
data/m16

test  ['./data/m01', './data/m05', './data/m06', './data/m07']
train ['./data/m02', './data/m03', './data/m04', './data/m08', './
data/m09', './data/m10', './data/m11', './data/m12', './data/m13',
'./data/m14', './data/m15', './data/m16']
### ./data/m01 ###
Accuracy:
0.726666666667
Classification report:
             precision    recall  f1-score   support

          0       0.77      0.95      0.85       100
          1       0.59      0.47      0.52       100
          2       0.61      0.46      0.53       100
          3       0.67      0.62      0.65       100
          4       0.71      0.86      0.78       100
          5       0.93      1.00      0.96       100

avg / total       0.71      0.73      0.71       600


### ./data/m05 ###
Accuracy:
0.636666666667
Classification report:
             precision    recall  f1-score   support

          0       0.63      1.00      0.77       100
```

```
              1         0.57      0.43      0.49       100
              2         0.62      0.31      0.41       100
              3         0.57      0.84      0.68       100
              4         0.63      0.72      0.67       100
              5         1.00      0.52      0.68       100

avg / total             0.67      0.64      0.62       600


### ./data/m06 ###
Accuracy:
0.611666666667
Classification report:
              precision    recall  f1-score   support

           0       0.38      0.94      0.54       100
           1       0.72      0.41      0.52       100
           2       0.32      0.08      0.13       100
           3       0.70      0.84      0.76       100
           4       0.83      0.43      0.57       100
           5       1.00      0.97      0.98       100

avg / total         0.66      0.61      0.58       600


### ./data/m07 ###
Accuracy:
0.625
Classification report:
              precision    recall  f1-score   support

           0       0.84      0.76      0.80       100
           1       0.58      0.57      0.58       100
           2       0.35      0.46      0.40       100
           3       0.37      0.14      0.20       100
           4       0.71      0.87      0.78       100
           5       0.79      0.95      0.86       100

avg / total         0.61      0.62      0.60       600
```

分類性能のレポートは sklearn.metrics.classification_report() により得られます。ラベルごとの適合率 (Precision) と再現率 (Recall) が報告されています。各種指標については 3.4.1 項で説明しましたが、改めて正答率 (Accuracy) を含め振り返っておきます。

- **正答率 (Accuracy)**
  全体の事象の中で正答だった割合。すべてのラベルが対象で 1 つのデータセットに対して 1 回計測される。
- **適合率 (Precision)**
  分類器が分類したラベル中で、正しいものがどれだけ含まれているかの割合。分類結果がどれだけ当たっているかの指標。ラベルごとに算出される。
- **再現率 (Recall)**
  あるラベルをどれだけ見付けられたかの割合。あるラベルをどれだけ検出できたかの指標。ラベルごとに算出される。

4 名の正答率を表 6-1 に抜き出してみましょう。

表 6-1　正答率一覧

人	正答率 (Accuracy)
m01	0.73
m05	0.64
m06	0.61
m07	0.62

m01 に着目すると、正答率が 73% で、学習データ 3 名で分類を行った際の 47% から大きく向上していることが分かります。テスト対象の 4 名中でトップの成績を残していることから、他の人と比べて一般的な手形状であるといえるでしょう。

m06 の結果を見ると、ラベル "2" の分類結果が目立って低い (適合率 0.32、再現率 0.08) ことが分かります。個性的な V サインの持ち主であるのかもしれませんが、画像データに問題がある可能性[注1]も捨てきれません。

注1　画像全体が明るい / 暗い、画像が中心からずれている、などが考えられます。

6.4.3 考察

確認のためラベル2の画像を抜き出してみました（図6-8）。ざっと見る限り、m06は個性的な形をしているようです。データの確認を行っておく必要がありそうです。

図6-8 ラベル2の画像

　表6-1で見られるように、m01のデータでは全体的に良い精度で分類が行われています。これに対し、m05〜m07の分類結果は一段下がります。この違いはどこにあるのでしょうか。

　学習データにm01と似た特徴を持つデータが含まれていたのかもしれません。Aさんが平均的な手の形や手形状の癖の持ち主であれば、機械学習によりAさんと類似したデータが学習済みであるというのは十分にありそうな話です。手形状が一風変わった特徴的なものであった場合、学習済みの特徴と一致する確率は小さくなります。

> **ミニ知識** 学習データに含める人数について
>
> m01 の評価結果を見る限り、学習に回す人数を増やすことで確かに効果は出ています。これは、人数を増やすことで m01 と似た特徴を持つ写真が学習データに含まれるようになったため、正答率が上がったと考えることができます。人数を増やしていけば、テストデータと似た特徴を持つ学習データが存在する確率は当然大きくなるはずですから、精度の向上が期待できます。
>
> では、どこまで学習データを揃える必要があるのでしょうか。それは、問題設定により異なります。個性的な手形状を取りこぼさずに拾い上げたいのであれば、より幅広い学習データを集める必要があります。逆に、平均的な形状から大きく外れないものだけを考えれば良いのであれば、平均的なデータを含む学習データを準備できれば十分でしょう。
>
> 機械学習により問題を解決する場合、必要なコストの大部分はデータ収集で発生します。めったに出現しない、特殊なケースの分類をあきらめることで、主要なコスト要因であるデータ収集作業の手間を大きく下げることができます。

6.5 データの精査と洗浄——データクレンジング

これまでデータそのものを疑いませんでしたが、前節の最後でデータのバラつきが気になりだしました。考えてみると間違ったデータが混入していることもあるかもしれません。ここではデータの精査と洗浄を行っていきます。こうした作業はデータクレンジングとも呼ばれます。

6.5.1 学習データの確認

学習データには、以下のようなデータが含まれているかもしれません。

- 不鮮明・不適切な画像
- 紛らわしい画像
- ラベルの誤り

すべてのデータを確認できれば良いのですが、量が多いとなかなか大変な作業です。そこで、重点的に見る範囲を決める方法を考えます。

現在は複数人のデータで見ていますので、特定の人物のデータが全体の品質を下げている可能性はないでしょうか？ 全データ（m01〜m16）について、15名を学習して1名を分類するという計算を、全組み合わせ（16通り）について実施し、傾向を確認しました（表6-2）。すなわち交差検証の実施です。

表 6-2　人物別交差検証の結果

データ	正答率	データ	正答率
m01	0.698	m09	0.520
m02	0.730	m10	0.497
m03	0.718	m11	0.552
m04	**0.355**	m12	0.633
m05	0.646	m13	0.703
m06	0.686	m14	0.650
m07	0.613	m15	0.627
m08	0.663	m16	0.570

m04の正答率が格段に低いことが分かりました。さらにラベル単位で様子を確認します。m04に関する混同行列を出力させてみました（表6-3）。

表 6-3　混同行列

		予測したラベル					
		0	1	2	3	4	5
真実のラベル	0	**74**	25	0	0	1	0
	1	61	**36**	2	0	1	0
	2	31	26	**10**	20	13	0
	3	21	18	13	**31**	17	0
	4	43	16	8	0	**31**	2
	5	30	4	10	22	7	**27**

　行方向が正解、列方向が分類結果でしたね。"2"のデータ100枚のうち、正しく"2"と分類されたのは10枚しかなく、"0"、"1"、"3"、"4"、"5"のほうに多く分類されていることが見て取れます。これほど成績が悪いということは、何かデータに問題があるのではないでしょうか。"2"のデータを確認してみましょう。
　m04の"2"には図6-9のような画像が含まれていました。

図 6-9　奇妙な形の 2

　学習に利用している 40 × 40 の画像を拡大しているので画像が荒く見づらいですが、斜めの角度から撮影されているようで、"1" と紛らわしい画像になっています。このようなデータを学習に加えることで、ラベル "1"、"2" の分類性能が低下することは想像に難くありません。学習データ数が減ってしまうことは残念ですが、このような画像を学習用のデータセットから除去することにしました。

6.5.2　クレンジングの実施

　m04 データを精査し、不正と思われるものを除去しました。なお、この作業は目視で行いましたので必ずしも分類器の結果とは一致しません。除去したのは図 6-10 のような画像です。

図 6-10　除去した画像

　クレンジング後に改めて m04c に配置し再計算したところ、正答率は 0.355 から 0.413 に向上しました。

　クレンジングを行ったデータセットを利用して、前節と同等の計算を行います。m04c というフォルダに格納し評価してみましょう。計算には、前節と同様に classify_handsign_2.py を利用します。

```
>>> run classify_handsign_2.py 4 ./data/m01 ./data/m05 ./data/m06 ./
data/m07 ./data/m02 ./data/m03 ./data/m04c ./data/m08 ./data/m09 ./
data/m10 ./data/m11 ./data/m12 ./data/m13 ./data/m14 ./data/m15 ./
data/m16

test  ['./data/m01', './data/m05', './data/m06', './data/m07']
```

```
train ['./data/m02', './data/m03', './data/m04c', './data/m08', './
data/m09', './data/m10', './data/m11', './data/m12', './data/m13',
'./data/m14', './data/m15', './data/m16']
### ./data/m01 ###
Accuracy:
0.741666666667
Classification report:
             precision    recall  f1-score   support

          0       0.78      0.94      0.85       100
          1       0.62      0.67      0.64       100
          2       0.69      0.37      0.48       100
          3       0.74      0.61      0.67       100
          4       0.67      0.86      0.75       100
          5       0.94      1.00      0.97       100

avg / total       0.74      0.74      0.73       600


### ./data/m05 ###
Accuracy:
0.671666666667
Classification report:
             precision    recall  f1-score   support

          0       0.67      0.99      0.80       100
          1       0.56      0.63      0.59       100
          2       0.61      0.51      0.56       100
          3       0.63      0.69      0.66       100
          4       0.72      0.68      0.70       100
          5       1.00      0.53      0.69       100

avg / total       0.70      0.67      0.67       600


### ./data/m06 ###
Accuracy:
0.643333333333
Classification report:
             precision    recall  f1-score   support
```

```
                0       0.45      0.94      0.60       100
                1       0.63      0.41      0.50       100
                2       0.00      0.00      0.00       100
                3       0.61      0.92      0.74       100
                4       0.92      0.60      0.73       100
                5       1.00      0.99      0.99       100

    avg / total         0.60      0.64      0.59       600


### ./data/m07 ###
Accuracy:
0.625
Classification report:
             precision    recall  f1-score   support

                0       0.79      0.77      0.78       100
                1       0.48      0.63      0.55       100
                2       0.33      0.27      0.30       100
                3       0.45      0.24      0.31       100
                4       0.71      0.88      0.79       100
                5       0.85      0.96      0.90       100

    avg / total         0.60      0.62      0.60       600
```

　クレンジング前後の正答率を、表6-4にまとめます。クレンジングの効果が出ていることがよく分かります。

表6-4 クレンジングによる正答率の向上

データ	クレンジング前	クレンジング後
m01	0.727	0.741
m05	0.637	0.672
m06	0.612	0.643
m07	0.625	0.625

　ただし、m06のラベル2は適合率、再現率が0%になってしまいました。すべてが良いことだけではないようです。

6.5.3 考察

本節では、ラベルを付けるのが難しいような微妙な手形状画像を、学習用のデータセットから除去しました。同時にラベル誤りがないかの検証も行っています。

データセットのクレンジングを行うことで、若干ですが性能が向上しました。通常はデータ数が減ることで性能上不利になるのですが、クレンジングによる効果がこれを上回ったということになります。ただし、m06 のラベル 2 の成績は下がっていますので、学習データ変更は様々な影響があると言えそうです。

6.6 特徴量の導入

これまで、画像データをそのまま学習や分類に用いてきました。

画像処理の分野では特定の特徴を取り出す特徴量の研究が進んでいます。特徴量を導入すれば分類の性能は上がるでしょうか。試してみましょう。

6.6.1 HOG 特徴量

HOG（Histograms of Oriented Gradients）とは、画像を細かなセルに分解し、輝度の勾配方向をヒストグラム化したものです。説明は省略しますが、HOG 特徴量を使うことで物体の境界（エッジ）に関する情報を取り出しやすくなります。手の画像の HOG 特徴量を可視化[注2]してみた結果を図 6-11 に示しました。手の形が浮かび上がっています。これを機械学習に掛けるとどうなるでしょうか。

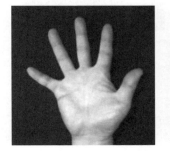
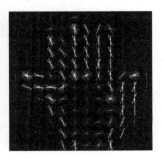

図 6-11　HOG 特徴量の可視化

注 2　HOG はベクトル情報ですので、そのままでは見ることはできません。

6.6.2 HOG の計算

本書で利用している機械学習ライブラリ scikit-learn は、Scipy Toolkit と呼ばれるライブラリの一部です。Scipy Toolkit には、画像処理用ライブラリである scikit-image も含まれており、これを利用して HOG 特徴量を計算することができます。

学習に利用している、40 × 40 の PNG 画像を可視化する処理を、サポートサイトに viewHOG40.py として置いておきます。

以下のようにスクリプトを実行すると、図 6-12 のようになります（実際に表示されるのは指定画像 1 枚のみです）。是非試してみてください。

```
python viewHOG40.py ./data/m01/2/01_2_001.png
```

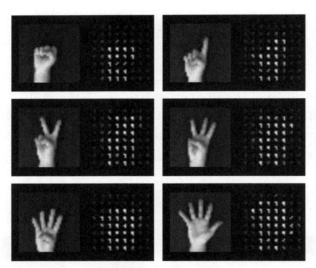

図 6-12 HOG 特徴量の可視化

6.6.3 学習と評価

学習は前節のスクリプト classify_handsign_2.py を改造して行います。スクリプト中の `load_handimage()` は、画像を読み出して画像データを返す関数ですが、HOG 情報を返すようにします。

変更後のスクリプト（classify_handsign_HOG_2.py）をリスト 6-4 に示します。変更部分は太字で示しています。39 行目以降は、リスト 6-3 で示した以前のスクリ

プトと同一であるため、省略しています。

リスト 6-4 classify_handsign_HOG_2.py（抜粋）

```
1  # -*- coding: utf-8 -*-
2  import os
3  import sys
4  import glob
5  import numpy as np
6  from skimage import io
7  from sklearn import datasets
8  from skimage.feature import hog
9
   IMAGE_SIZE = 40
   COLOR_BYTE = 1
10 CATEGORY_NUM = 6
11
12 ## ラベル名(0～)を付けたディレクトリに分類されたイメージファイルを読み込む
13 ## 入力パスはラベル名の上位のディレクトリ
14 def load_handimage( path ):
15
16     # ファイル一覧を取得
17     files = glob.glob(os.path.join(path, '*/*.png'))
18
19     # イメージとラベル領域を確保
20     hogs = np.ndarray((len(files), 3600), dtype = np.float)
21     labels = np.ndarray(len(files), dtype=np.int)
22
23     # イメージとラベルを読み込み
24     for idx, file in enumerate(files):
25         # イメージ読み込み
26         image = io.imread(file, as_grey=True)
27         h = hog(image, orientations=9, pixels_per_cell=(5, 5),
28             cells_per_block=(5, 5))
29         hogs[idx] = h
30
31         # ディレクトリ名よりラベルを取得
32         label = os.path.split(os.path.dirname(file))[-1]
33         labels[idx] = int(label)
34
       # scikit-learn の他のデータセットの形式に合わせる
```

```
        flat_data = images.reshape((-1, IMAGE_SIZE * IMAGE_SIZE *
    COLOR_BYTE))
        images = flat_data.view()
35      return datasets.base.Bunch(data=hogs,
36                  target=labels.astype(np.int),
37                  target_names=np.arange(CATEGORY_NUM),
                    images=images,
38                  DESCR=None)
```

26 行目で画像をグレースケールで開き、27-28 行目で HOG の計算を行っています。

今回のケースでは、HOG 特徴量は 3600 次元のベクトルとして計算されます。スクリプトの実行結果を以下に示します。

```
>>> run classify_handsign_HOG_2.py 4 ./data/m01 ./data/m05 ./data/m06
./data/m07 ./data/m02 ./data/m03 ./data/m04c ./data/m08 ./data/m09 ./
data/m10 ./data/m11 ./data/m12 ./data/m13 ./data/m14 ./data/m15 ./
data/m16

test ['./data/m01', './data/m05', './data/m06', './data/m07']
train ['./data/m02', './data/m03', './data/m04c', './data/m08', './
data/m09', './data/m10', './data/m11', './data/m12', './data/m13',
'./data/m14', './data/m15', './data/m16']
### ./data/m01 ###
Accuracy:
0.821666666667
Classification reports:
             precision    recall  f1-score   support

          0       1.00      1.00      1.00       100
          1       0.99      1.00      1.00       100
          2       0.63      0.95      0.76       100
          3       0.44      0.07      0.12       100
          4       0.69      0.91      0.78       100
          5       1.00      1.00      1.00       100

avg / total       0.79      0.82      0.78       600


### ./data/m05 ###
```

```
Accuracy:
0.866666666667
Classification reports:
             precision    recall  f1-score   support

          0       1.00      1.00      1.00       100
          1       0.99      1.00      1.00       100
          2       0.71      0.85      0.78       100
          3       0.74      0.40      0.52       100
          4       0.75      0.95      0.84       100
          5       1.00      1.00      1.00       100

avg / total       0.87      0.87      0.86       600


### ./data/m06 ###
Accuracy:
0.868333333333
Classification reports:
             precision    recall  f1-score   support

          0       0.93      1.00      0.96       100
          1       0.91      1.00      0.95       100
          2       1.00      0.30      0.46       100
          3       0.69      1.00      0.82       100
          4       0.85      0.91      0.88       100
          5       1.00      1.00      1.00       100

avg / total       0.90      0.87      0.85       600


### ./data/m07 ###
Accuracy:
0.758333333333
Classification reports:
             precision    recall  f1-score   support

          0       0.81      0.96      0.88       100
          1       0.67      0.71      0.69       100
          2       0.62      0.47      0.53       100
          3       0.63      0.67      0.65       100
```

```
              4        0.83      0.75      0.79       100
              5        0.96      0.99      0.98       100

avg / total            0.75      0.76      0.75       600
```

画像データ、HOGデータのそれぞれを利用した場合の正答率を、表6-5にまとめます。HOG特徴量導入の効果が出ていることが分かります。

表 6-5 HOG特徴量導入による正答率の向上

データ	画像利用	HOG利用
m01	0.741	0.822
m05	0.672	0.867
m06	0.643	0.868
m07	0.625	0.758

この他にも、HOG特徴量を利用することで挙動が変わった点がいくつかあります。m01のラベル3の再現率は、大幅に低下しました（表6-6）。一方、m06のラベル2は向上しています。

表 6-6 HOG特徴量導入による再現率の変化

データ	画像利用	HOG利用
m01 L3	0.61	0.07
m06 L2	0.0	0.30

一部で性能が下がった部分もありますが、概ね効果的であったと言えるでしょう。HOG特徴量を利用することで、目標としている正答率80％を達成する目途が立ちました。

6.6.4 考察

本節ではHOG特徴量を導入することにより、大幅な正答率の向上が見られました。今回の課題は手の形状による分類なので、エッジを抽出するHOG特徴量が有効と考えられます。

課題によっては形状ではなく、色や輝度など別の特徴を捉えたほうが良い場合もあります。画像特徴量については、画像処理やコンピュータビジョンの分野で色々

な研究が進められています。そうした成果の利用も考えるようにしてください。

6.7　パラメータチューニング

　これまで分類性能を上げるために、データの種類を増やしたり、データを精査したり、特徴量を導入してみたりと様々なことを試してきました。他に取るべき方法はないのでしょうか。

　これまで学習アルゴリズムのパラメータはデフォルト値のままとしていました。もっと有効なパラメータはないでしょうか。ここでは、適切なパラメータを探す方法と、それによる性能への影響を見ていきます。

　機械学習では、学習時の振る舞いを指定するための設定値を特に「ハイパーパラメータ」と呼び、最小二乗法の係数などの学習により変化するパラメータと区別しています。ハイパーパラメータの種類は学習アルゴリズムにより異なりますが、例として sklearn.svm.LinearSVC() で指定可能なハイパーパラメータのうち、よく使うものを表 6-7 に示します。

表 6-7　sklearn.svm.LinearSVC のハイパーパラメータ（一部を抜粋）

変数名	デフォルト値	説明
C	1.0	誤ったラベルに分類された場合の罰則の強さ。汎化性能と関係しており、大きくすると過学習しやすくなる。
loss	squared_hinge	最適化の対象となる、損失関数の種類。
penalty	l2	損失関数に与える、「誤差」の種別。
class_weight	"balanced"	各ラベルに対する、重み。ラベル "2" に分類されやすいようにするなど、クラスごとに重み付けする場合に指定する。何も指定しなければ（balanced）、すべてのラベルが平等に重み付けされる。

　sklearn.svm.LinearSVC() に引数を指定しない場合は、デフォルト値が使用されます。

　デフォルト以外の値を使用したい場合は、（変更したい）ハイパーパラメータを変数として指定します。

```
classifier = svm.LinearSVC(C=10.0, loss='hinge')
```

6.7.1 グリッドサーチ

複数のハイパーパラメータの組み合わせを試し、最適な組み合わせを見付ける作業を「グリッドサーチ」と呼びます。各パラメータに対して、いくつかの値を決めておき、すべての組み合わせを試して一番良いものを探すという方法です。

LinearSVC であれば、通常は調整するハイパーパラメータが少ないため、すべての設定の組み合わせを定義してもそれほど問題にはなりません。しかし、ハイパーパラメータの数が多い機械学習アルゴリズムを利用する場合は、その最適な組み合わせをリストアップするだけでも相当面倒です。例えば、3つのハイパーパラメータ A、B、C にそれぞれ 3 つの値を指定した場合、可能な組み合わせは $3^3=27$ 種類となります。パラメータの数や種類が増えれば組み合わせは爆発してしまいますね。

scikit-learn には、指定した範囲でハイパーパラメータを変更して、最適な組み合わせを見付けるための仕組みが用意されています。

グリッドサーチを行うには、sklearn.grid_search.GridSearchCV() を利用します。

```
classifier = grid_search.GridSearchCV(svm.LinearSVC(), param_grid)
```

引数には利用する分類器（これまで利用してきた LinearSVC です）のインスタンスと、試行錯誤する引数とその値を指定する、Grid 情報を指定しています。

この classifier を使って学習 classifier.fit() を行うと、学習用に指定したデータを用いて、交差検証を行いながら最も性能の良い組み合わせを探します。性能指標として正答率（accuracy：GridSearchCV() のデフォルト値）を使用しますが、引数で別の指標を指定することも可能です。

その後、普段通りに分類処理 classifier.predict() を行うと、最良のハイパーパラメータを利用して分類を行うことができます。

変更後のスクリプト（classify_handsign_HOG_GS.py）をリスト 6-5 に示します。リスト 6-4（classify_handsign_HOG_2.py）をベースとしており、太字部分が変更点です。40 行目以前は、以前のスクリプトと同一であるため、省略しています。

リスト6-5 classify_handsign_HOG_GS.py（抜粋）

```python
from sklearn import svm, metrics
from sklearn import grid_search

param_grid = {
  'C': [1, 10, 100],
  'loss': ['hinge', 'squared_hinge']
  }

## usage:
##     python classify_handsign_1.py <n> <dir_1> <dir_2> ... <dir_m>
##     n          テストデータディレクトリ数
##     dir_1      データディレクトリ1
##     dir_m      データディレクトリm

if __name__ == '__main__':
    argvs = sys.argv

    # テスト用ディレクトリ数の取得
    paths_for_test = argvs[2:2+int(argvs[1])]
    paths_for_train = argvs[2+int(argvs[1]):]

    print 'test ', paths_for_test
    print 'train', paths_for_train

    # 学習データの読み込み
    data = []
    label = []
    for i in range(len(paths_for_train)):
        path = paths_for_train[i]
        d = load_handimage(path)
        data.append(d.data)
        label.append(d.target)
    train_data = np.concatenate(data)
    train_label = np.concatenate(label)

    # 手法:線形SVM
    classifier = grid_search.GridSearchCV(svm.LinearSVC(), param_grid)

    # 学習
    classifier.fit(train_data, train_label)
```

```
82      # Grid Search結果表示
83      print("Best Estimator:\n%s\n", classifier.best_estimator_)
84          for params, mean_score, all_scores in classifier.grid_scores_:
85              print "{:.3f} (+/- {:.3f}) for {}".format(mean_score,
86                  all_scores.std() / 2, params)
87
88      for path in paths_for_test:
89          # テストデータの読み込み
90          d = load_handimage(path)
91
92          # テスト
93          predicted = classifier.predict(d.data)
94
95          # 結果表示
96          print("### %s ###" % path)
97          print("Accuracy:\n%s"
98              % metrics.accuracy_score(d.target, predicted))
99          print("Classification report:\n%s\n"
100             % metrics.classification_report(d.target, predicted))
```

サーチの対象とするパラメータを、表6-8に示します。

表6-8 グリッドサーチ対象のハイパーパラメータ

ハイパーパラメータ	設定値
C	1、10、100
loss	"hinge"、"squared_hinge"

それでは実行してみましょう。

```
>>> run classify_handsign_HOG_GS.py 4 ./data/m01 ./data/m05 ./data/
m06 ./data/m07 ./data/m02 ./data/m03 ./data/m04c ./data/m08 ./data/
m09 ./data/m10 ./data/m11 ./data/m12 ./data/m13 ./data/m14 ./data/m15
./data/m16

test  ['./data/m01', './data/m05', './data/m06', './data/m07']
train ['./data/m02', './data/m03', './data/m04c', './data/m08', './
data/m09', './data/m10', './data/m11', './data/m12', './data/m13',
'./data/m14', './data/m15', './data/m16']
('Best Estimator:\n%s\n', LinearSVC(C=100, class_weight=None,
dual=True, fit_intercept=True,
```

```
          intercept_scaling=1, loss='squared_hinge', max_iter=1000,
          multi_class='ovr', penalty='l2', random_state=None, tol=0.0001,
          verbose=0))
0.733 (+/- 0.008) for {'loss': 'hinge', 'C': 1}
0.757 (+/- 0.006) for {'loss': 'squared_hinge', 'C': 1}
0.782 (+/- 0.006) for {'loss': 'hinge', 'C': 10}
0.790 (+/- 0.003) for {'loss': 'squared_hinge', 'C': 10}
0.801 (+/- 0.004) for {'loss': 'hinge', 'C': 100}
0.805 (+/- 0.003) for {'loss': 'squared_hinge', 'C': 100}
### ./data/m01 ###
Accuracy:
0.893333333333
Classification report:
             precision    recall  f1-score   support

          0       1.00      1.00      1.00       100
          1       1.00      1.00      1.00       100
          2       0.78      1.00      0.88       100
          3       0.82      0.46      0.59       100
          4       0.78      0.90      0.83       100
          5       1.00      1.00      1.00       100

avg / total       0.90      0.89      0.88       600


### ./data/m05 ###
Accuracy:
0.89
Classification report:
             precision    recall  f1-score   support

          0       1.00      1.00      1.00       100
          1       0.98      0.96      0.97       100
          2       0.77      0.88      0.82       100
          3       0.84      0.52      0.64       100
          4       0.78      0.98      0.87       100
          5       0.99      1.00      1.00       100

avg / total       0.89      0.89      0.88       600


### ./data/m06 ###
```

```
Accuracy:
0.963333333333
Classification report:
             precision    recall  f1-score   support

          0       0.97      1.00      0.99       100
          1       0.92      0.99      0.95       100
          2       0.98      0.86      0.91       100
          3       0.93      0.99      0.96       100
          4       0.99      0.94      0.96       100
          5       1.00      1.00      1.00       100

avg / total       0.96      0.96      0.96       600


### ./data/m07 ###
Accuracy:
0.786666666667
Classification report:
             precision    recall  f1-score   support

          0       0.84      1.00      0.91       100
          1       0.78      0.75      0.77       100
          2       0.69      0.60      0.64       100
          3       0.73      0.72      0.73       100
          4       0.89      0.67      0.77       100
          5       0.78      0.98      0.87       100

avg / total       0.79      0.79      0.78       600
```

最適化されたハイパーパラメータが、実行結果中に出力されています。サーチ指定したハイパーパラメータ（C、loss）のうち、C の値がデフォルト値の 1 ではなく、100 になっていることが確認できます。

```
LinearSVC(C=100, class_weight=None, dual=True, fit_intercept=True,
     intercept_scaling=1, loss='squared_hinge', max_iter=1000,
     multi_class='ovr', penalty='l2', random_state=None, tol=0.0001,
     verbose=0)
```

最適なパラメータを探すために、サーチ指定したハイパーパラメータの全組み合わせで、学習データを用いた交差検証を実行しています。

```
0.733 (+/- 0.008) for {'loss': 'hinge', 'C': 1}
0.757 (+/- 0.006) for {'loss': 'squared_hinge', 'C': 1}
0.782 (+/- 0.006) for {'loss': 'hinge', 'C': 10}
0.790 (+/- 0.003) for {'loss': 'squared_hinge', 'C': 10}
0.801 (+/- 0.004) for {'loss': 'hinge', 'C': 100}
0.805 (+/- 0.003) for {'loss': 'squared_hinge', 'C': 100}
```

最も良い性能を示した太字部分のハイパーパラメータを利用してテストデータの分類を行った結果を、表 6-9 に示します。

表 6-9　正答率の比較

データ	デフォルト値	Grid Search
m01	0.822	0.893
m05	0.867	0.890
m06	0.868	0.963
m07	0.758	0.787

最適なハイパーパラメータを見付けたことで、分類精度が向上していることが分かります。

また前節では、HOG 特徴量の導入により m01 のラベル 3 の再現率が大幅に低下するという問題がありましたが、ハイパーパラメータの調整により一定の回復が見られました（表 6-10）。

表 6-10　ハイパーパラメータ最適化による再現率の変化

データ	デフォルト値	Grid Search
m01 L3	0.07	0.46
m06 L2	0.30	0.86

6.7.2　考察

本節では、グリッドサーチによるハイパーパラメータの調整を行うことで、精度が向上することを確認しました。

前節でHOG特徴量を導入したことで、特定の［人物-ラベル］の組み合わせにおいて再現率が極端に低下する現象が見られました。しかし、グリッドサーチにより特徴量の微細な差分を拾えるようにハイパーパラメータが調整され、分類が可能になったと考えられます。

評価に用いたデータ全体を眺めても、再現率が著しく悪い状況は見当たりませんので、HOG特徴量に適したハイパーパラメータチューニングが行われたものと判断できます。

正答率の平均値を計算すると、88.3%となりました。当初の目標である80%を超えることができました。

6.8 まとめ

本章では手形状の分類を例に、データを準備するところから、分類性能を段階的に向上させる作業を一通り説明してきました。このような作業は、分類問題に限らず機械学習で一般的に行われているものです。

ここでは、分類器を作成するための学習の流れを簡単に説明するに留めましたが、実際の開発作業では何度も試行錯誤し、学習とテストを繰り返します。非常に泥臭い作業ですが、このようにして目標とする性能に少しずつ近づけていくのです。

本章で説明してきた手形状の分類問題ですが、実は本書の編者である株式会社システム計画研究所で、深層学習のデモ用に作成したシステムが元になっています。当社の技術公開サイト「技ラボ」にて解析記事がありますので、よければ覗いてみてください。

「Deep Learningによるハンドサイン画像認識デモ 解説（全3回）」
http://wazalabo.com/deep-learning-handsign-demo-001.html
http://wazalabo.com/deep-learning-handsign-demo-002.html
http://wazalabo.com/deep-learning-handsign-demo-003.html

第7章

センサデータによる回帰問題

7.1 はじめに

本章では、機械学習のセンサデータへの適用方法を学びます。

2013年ごろから、「モノのインターネット」(Internet of Things、IoT) が全世界的なキーワードとして展開されるようになってきました。モノのインターネットとは、モノ、つまり機械がインターネット通信の世界で価値ある活動をするありさまを指しています。一昔前はユビキタスやM2M (Machine to Machine) と呼ばれていた概念が、よりキャッチーな言葉を得て流行し始めたとも言えるでしょう。

IoTには様々な形がありますが、その1つに多数配置されたセンサからインターネット経由で情報を吸い上げて処理する仕組みが挙げられます。近年、携帯電話のシステムを活用した安価なデータ通信システムが普及しつつあり、そうした多くのセンサから情報を容易に集められるようになりました。そこから得られたデータを、統計分析や機械学習に掛けて結果を返す仕組みと組み合わせることで、昔は不可能だった新しい仕組みができるようになるでしょう。

本章では機械学習の手順を学ぶ総まとめとして、センサから得られたデータをどのように機械学習に適用するかを学んでいきます。ここではオープンに公開された気象と電力のデータを用いて、気象データから電力消費量を予想する問題 (回帰問題) に挑戦します。

7.2 準備

本章で提供するプログラムを動かすには、以下のファイルが必要です。すべてのファイルは、本書のサポートサイトからダウンロードできます。

- ソースコード
- データファイル

  データファイルは、四国電力の 2012 年～2016 年の電力消費量を年単位で保存した 5 ファイル（shikoku_electricity_2012.csv、……、shikoku_electricity_2016.csv）と、県庁所在地 4 都市の気象データ、47887_松山.csv、47891_高松.csv、47893_高知.csv、47895_徳島.csv があります。すべてのファイルを、ソースコードと同じディレクトリに置いてください。

  これらのデータファイルは、四国電力および気象庁が公開しているデータを本章執筆者が使いやすいように整形したものです。

7.3 センサデータの概要

7.3.1 センサデータの性質

センサデータとは、名前通りセンサから得られたデータです。センサには例えば、温度計や湿度計、地震計などがあります。どれも、自然現象や人工的現象のありさまを数値などのデータとして取得するためのものです。最近はスマートフォンやスマートウォッチなどの端末にも多くのセンサが搭載されており、センサデータと機械学習を組み合わせて機能を提供するアプリケーションも数多くリリースされています。

実際のセンサデータには、以下のような特徴があります。

- 不適切な値（外れ値）を取得してしまう：センサ異常、ノイズの混入など
- 欠損の発生：データを取れない時間があった

例えば、1923 年に関東平野を襲った大正関東地震・関東大震災では東京の都市部で大規模な火災が発生しました。その結果、東京の測候所では気温「46 度」を記録しています。この「気温」は火災の熱によって測定されたものであって、実

際の天候を反映した数値ではありません。

2016年に熊本市や阿蘇地方、大分県西部を襲った地震では、熊本市の東に位置する益城町・西原村を震度7相当の揺れが襲いましたが、現地のセンサからの情報を東京の気象庁に吸い上げる仕組みが正常に動作せず、当初は欠損値となっていました。

センサデータの取り扱いでは、以上のような外れ値や欠損値の処理がとても重要になります。一説には、データ分析の仕事の8割はデータの整理とクレンジング、つまり外れ値や欠損値の処理と言われることがあるほどです。

センサデータを取り扱うにあたり、どのような組み合わせのデータを使うか、また時系列を持つデータの場合はどの程度の時間幅を使うかを考えることも重要です。

7.3.2 データの内容

本章で扱う2つのデータについて簡単に説明しておきます。

気象庁のデータ

気象庁が取得したデータは気象庁のサイトで公開されています。商用利用含めて著作権の適用もなく、自由に利用できる旨が明記されています[注1]。長年の研究を通じて測定の品質も担保されており、オープンデータの取り扱いを学ぶ上では適切なデータです。ただし、気象データを元に天気予報のようなことを行おうとすると別の法律[注2]に抵触する可能性があるため、本書では天気予報は扱いません。業務として行わない限り法的には自由なので、気象データを用いた機械学習による天気予報は読者の皆さんで試してみてはいかがでしょうか。

今回使用する気象庁のデータは、四国の全気象官署の1時間の測定データです。四国の気象官署は気象庁の地方気象台（有人）、特別地域気象観測所（無人）、地域気象観測システム（無人）からなり、それぞれ採取できるデータの内容が異なります。これらの気象官署が測定したデータは気象庁が公開しており、本書サポートサイトではそれを CSV に整形したものを用意しました。

注1 気象庁サイトの http://www.jma.go.jp/jma/kishou/info/coment.html による。
注2 気象業務法第17条（抄）「気象庁以外の者が気象、地象、津波、高潮、波浪又は洪水の予報の業務（以下「予報業務」という。）を行おうとする場合は、気象庁長官の許可を受けなければならない。」

電力消費量データ

　もう1つのデータとして、今回は電力消費量のデータを用います。電力消費量は気象と大きな関係があります。例えば夏場は気温が上がると多くの人がクーラーを使うようになるので電力消費量が上がります。冬場は逆に気温が下がると多くの人がヒーターを使い、これまた電力消費量が上がります。このあたりの構図は、東日本大震災発生以来全国的に節電が叫ばれるようになったので、イメージしやすいかもしれません。

　長い期間にわたる過去の電力消費量データは、本書執筆時点では北海道電力、関西電力と四国電力が提供しています。今回は四国電力の消費量データを使用します。

7.4　データの読み込み

● 7.4.1　CSVの取り扱い

　今回取り扱うデータはCSV形式（要素をカンマで区切ったテキスト形式）です。PythonでCSVデータを扱うには、以下の4通りのアプローチがあります。

① ただのテキストファイルとして扱い、自力で読み取る
② Python csv モジュールを使う
③ NumPy モジュールを使う
④ pandas モジュールを使う

　大まかに見て、①から④に進むにつれて高機能な仕組みになりますが、そのぶん使い方を覚えるのも難しくなります。センサのような数値データを扱っていく場合、データ分析用ライブラリであるpandasを習得しておくのは非常に有利です。そのため本章では、pandasを使っていくことにします。

● 7.4.2　pandas 早分かり

　pandasについて簡単に説明しておきます。pandasはPythonにおけるデータ分析用のライブラリです。今回のようなセンサデータを扱うのに有用です。pandasは、1.3節でご紹介したAnacondaにも含まれています。

pandas の主要なデータ構造は、Series と DataFrame です。Series は 1 次元配列を高機能化したような構造で、一方 DataFrame は 2 次元配列もしくはスプレッドシートに似た構造になっています。

ここでは本章で主に使う DataFrame について、使用例を中心に本文で利用する部分を説明します。詳しくは公式ページや専門書を参照してください。

インポート

pandas を使用するためにはインポートが必要です。しばしば pd という別名を与えてインポートします。

```
>>> import pandas as pd
```

DataFrame を作る

DataFrame の作り方は色々ありますが、既存配列から作成してみましょう。

```
>>> A = [[101,'a','z'],[102,'b','y'],[103,'c','x'],[104,'d','w']]
>>> A
[[101, 'a', 'z'], [102, 'b', 'y'], [103, 'c', 'x'], [104, 'd', 'w']]
>>> import pandas as pd
>>> dfa = pd.DataFrame(A)
>>> dfa
     0  1  2
0  101  a  z
1  102  b  y
2  103  c  x
3  104  d  w
>>> # カラム名を付け直す
>>> dfa.columns = ['no','la','lz']
>>> dfa
    no la lz
0  101  a  z
1  102  b  y
2  103  c  x
3  104  d  w
```

行番号、カラム名（列名）は自動で付きます。カラム名は変更できます。

インデックス

インデックスは変更可能です。ソートも指定できます。

```
>>> dfa.set_index('lz')
    no la
lz
z   101  a
y   102  b
x   103  c
w   104  d

>>> dfa.set_index('lz').sort_index()
    no la
lz
w   104  d
x   103  c
y   102  b
z   101  a
```

要素へのアクセス

DataFrame の要素へのアクセスは、行もしくは列に対して行うことが多いです。ix プロパティ経由で個別要素へアクセスすることも可能です。

```
>>> dfa
    no la lz
0   101  a  z
1   102  b  y
2   103  c  x
3   104  d  w

>>> # 行方向へPython標準およびNumPy風のタプルによるアクセスが可能
>>> dfa[1:]
    no la lz
1   102  b  y
2   103  c  x
3   104  d  w

>>> dfa[:1]
    no la lz
```

```
0   101   a   z

>>> # カラム方向のスライスも可能
>>> dfa['no']
0    101
1    102
2    103
3    104
Name: no, dtype: int64

>>> dfa[['no','lz']]
    no  lz
0   101  z
1   102  y
2   103  x
3   104  w

>>> # ixプロパティにより個別要素へのアクセスが可能
>>> dfa
    no  la  lz
0   101  a   z
1   102  b   y
2   103  c   x
3   104  d   w

>>> dfa.ix[0,0]
101
>>> dfa.ix[1,1]
'b'
>>> dfa.ix[2,2]
'x'
```

連結と結合

　DataFrame は連結（縦方向につなげていくイメージ）と結合（横方向につなげていくイメージ）が可能です。まずは説明のため、もう 1 つ DataFrame を作ります。

```
>>> # DataFrameをもう1つ用意する
>>> B = [[101,'A','Z'],[102,'B','Y'],[104,'D','W'],[105,'E','V']]
>>> dfb = pd.DataFrame(B)
```

```
>>> dfb.columns = ['no','ua','uz']
>>> dfb
    no  ua uz
0  101   A  Z
1  102   B  Y
2  104   D  W
3  105   E  V
```

連結は pd.concat() で行います。

```
>>> pd.concat([dfa,dfb])
    la   lz   no   ua   uz
0    a    z  101  NaN  NaN
1    b    y  102  NaN  NaN
2    c    x  103  NaN  NaN
3    d    w  104  NaN  NaN
0  NaN  NaN  101    A    Z
1  NaN  NaN  102    B    Y
2  NaN  NaN  104    D    W
3  NaN  NaN  105    E    V
```

カラム名を保持して連結されます。存在しない項目は NaN（Not a Number）で埋められます。

結合を試してみましょう。インデックスを準備しておきます。

```
>>> dfa.set_index('no',inplace=True)
>>> dfa
     la lz
no
101   a  z
102   b  y
103   c  x
104   d  w

>>> dfb.set_index('no',inplace=True)
>>> dfb
     ua uz
no
101   A  Z
```

```
102  B  Y
104  D  W
105  E  V
```

インデックス作成のようなオブジェクトの属性変更は、当該オブジェクトに反映されず、戻り値として返されます。今回は inplace を True に指定したので、当該オブジェクトに直ちに反映されました。

では結合してみましょう。

```
>>> dfa.join(dfb)
     la lz   ua   uz
no
101  a  z    A    Z
102  b  y    B    Y
103  c  x  NaN  NaN
104  d  w    D    W
```

join() の既定動作では呼び出し元のオブジェクト（dfa）のインデックスを元にして結合されます。引数オブジェクト（dfb）のインデックスと合致するものについてはデータが残され、呼び出し元のみに存在するインデックスは NaN で埋められます。また、引数オブジェクトのみにあるインデックスの行は無視されます。これらの結合方法は、join() の引数により変更できます。

結合時カラム名の重複は許されません（エラーになります）。そのため、結合時に接尾辞を追加できます。lsuffix で呼び出し元に、rsuffix で引数側に追加します。

```
>>> dfa
    no la lz
0  101  a  z
1  102  b  y
2  103  c  x
3  104  d  w

>>> # 自分自身を結合しようとするとカラム名の重複でエラーになる
>>> dfa.join(dfa)
...
```

```
ValueError: columns overlap but no suffix specified: Index(['no',
'la', 'lz'], dtype='object')

>>> # 引数側に接尾辞を指定すると結合できる
>>> dfa.join(dfa,rsuffix='_rsfx')
     0   1  2  0_rsfx 1_rsfx 2_rsfx
0  101   a  z     101      a      z
1  102   b  y     102      b      y
2  103   c  x     103      c      x
3  104   d  w     104      d      w
```

NaNの削除

dropna()を利用するとNaNの削除ができます。

```
>>> dfa.join(dfb).dropna()
    la lz ua uz
no
101  a  z  A  Z
102  b  y  B  Y
104  d  w  D  W
```

値を2次元配列で取り出す

as_matrix()により値をNumPyの2次元配列として取り出すことができます。type()により型を確認することができます。

```
>>> dfa
    no la lz
0  101  a  z
1  102  b  y
2  103  c  x
3  104  d  w

>>> type(dfa)
pandas.core.frame.DataFrame

>>> dfa.as_matrix()
array([[101, 'a', 'z'],
       [102, 'b', 'y'],
       [103, 'c', 'x'],
```

```
        [104, 'd', 'w']], dtype=object)
>>> type(dfa.as_matrix())
numpy.ndarray
```

7.4.3　時系列データの取り扱い

時系列データを入力として使いたいとき、いくつかのテクニックがあります。

- **時系列データ 1 つをそのまま入力として使う**
  例えば、2013/12/15 17:00 時点のデータとしては 2013/12/15 17:00 の気象データだけを使う、という手法です。
- **時系列データ複数をまとめて入力として使う**
  例えば、2013/12/15 17:00 時点のデータとして、2013/12/15 17:00 の気象データだけではなくその前の気象データをいくつか並べて 1 つの入力データとして扱う手法です。

例えば測定値が「気温 10.0 度」だったとすると、前者のやり方ではその 10.0 度がどのような結果で生じたのかを与えることはできません。気温が上がっているのか下がっているのかも分かりません。一方、後者のやり方では、データとして与える数時間の間に気温が上がっているのか下がっているのか、そういった事情も学習データに取り込むことができます。ただ、前者だと扱いは単純でデータ量も少なくて済みますが、後者だとデータの扱いが複雑になり量も増えます。

データによって、あるいは機械学習の問題設定によって、最適な手法は異なります。ここでは実際に色々試してみましょう。

7.4.4　電力消費量データ

まずは取り扱いやすい電力消費量データから、見ていきましょう。

内容

電力消費量のファイルは、ファイルの拡張子によると CSV 形式のようです。まずは、先頭の数行を読んでみて内容を確認しましょう。

以下、shikoku_electricity_2012.csv ファイルの冒頭を示します。

```
2013/1/4    10:00 UPDATE

DATE,TIME,実績(万kW)
2012/7/2,0:00,261
2012/7/2,1:00,256
2012/7/2,2:00,269
2012/7/2,3:00,289
```

先頭 2 行が通常の CSV と異なり、データの更新日時が記録されています。そのため、通常先頭行に来るはずのヘッダ（見出し）は 3 行目にあります。ヘッダ行以降は、通常の CSV データとして扱って問題なさそうです。

ロード

1 つの CSV には 1 年分のデータが格納されています。まずは pandas を使ってデータをロードしてみましょう。

```
import pandas as pd
pd.read_csv(
        'shikoku_electricity_2012.csv',
        skiprows=3,
        names=['DATE', 'TIME','consumption'],
        parse_dates={'date_hour':['DATE', 'TIME']},
        index_col='date_hour'  )
```

1 行目は pandas をインポートしています。

3 行目は CSV のファイル名を与えています。

4 行目は、ファイル冒頭の 3 行を無視する指定です。1 行目にはデータの更新時刻が格納されており、2 行目は空。3 行目はヘッダになっていますが、今回はヘッダを独自に作りますので、この行はスキップします。

5 行目では、スキップしたヘッダの代わりに独自にそれぞれの列に名前を付ける指定を与えています。最初の列が DATE、2 列目が TIME、3 列目が consumption です。

6 行目では、DATE と TIME をあわせて date_hour という名前で時刻として取り扱うことを指定しています。Python に限らず、たいていのプログラミング言語では日時を取り扱うために独自のデータ型を用意しています。今回のように文字列から時刻を得るためには、それぞれの表記とデータ型に合わせた処理が必要になります。pandas

ではこのような形でどの列を日時として扱え、と指示することで、pandas が型を独自に判定してよしなに処理を進めてくれます。

7 行目は、新しく作った date_hour 列を DataFrame のインデックスにすることを指示しています。

以下に実行結果を示します。

```
>>> import pandas as pd
>>> pd.read_csv(
...     'shikoku_electricity_2012.csv',
...     skiprows=3,
...     names=['DATE', 'TIME','consumption'],
...     parse_dates={'date_hour':['DATE', 'TIME']},
...     index_col='date_hour'   )

                      consumption
date_hour
2012-07-02 00:00:00          261
2012-07-02 01:00:00          256
2012-07-02 02:00:00          269
                     ...
2012-12-31 21:00:00          350
2012-12-31 22:00:00          333
2012-12-31 23:00:00          348

[4392 rows x 1 columns]
```

すべての電力消費量データを 1 つの DataFrame にまとめるコードを以下に示します。

```
ed = [pd.read_csv(
      'shikoku_electricity_%d.csv' % year,
      skiprows=3,
      names=['DATE', 'TIME','consumption'],
      parse_dates={'date_hour':['DATE', 'TIME']},
      index_col='date_hour'   )
      for year in [2012, 2013, 2014, 2015, 2016]
     ]
```

```
elec_data = pd.concat(ed)
```

ed に代入している値は、以下のような構造を持つ Python のリスト型です。

```
[<2012年のデータ>, <2013年のデータ>, …, <2016年のデータ>]
```

以下のように構造を整理すると分かりやすくなります。

```
[ <データ> for year in [配列] ]
```

これで電力消費量のデータを読み込むことができました。

可視化

機械学習で取り扱う前には、データ自体を可視化して眺めてみることが重要です。今ロードした電力消費量データの分布を見てみましょう。

縦軸に電力消費量、横軸に日時を示したグラフを作成するコードは、以下のようになります（7-4-1-1-graph.py）。

```python
import pandas as pd

# 四国電力の電力消費量データを読み込み
ed = [pd.read_csv(
    'shikoku_electricity_%d.csv' % year,
    skiprows=3,
    names=['DATE', 'TIME', 'consumption'],
    parse_dates={'date_hour': ['DATE', 'TIME']},
    index_col = "date_hour")
    for year in [2012, 2013, 2014, 2015, 2016]
]

elec_data = pd.concat(ed)

# -- 可視化 --
import matplotlib.pyplot as plt

```

```
18  # 画像のサイズを設定する
19  plt.figure(figsize=(10, 6))
20
21  # 時系列グラフ生成
22  delta = elec_data.index - pd.to_datetime('2012/07/01 00:00:00')
23  elec_data['time'] = delta.days + delta.seconds / 3600.0 / 24.0
24
25  plt.scatter(elec_data['time'], elec_data['consumption'], s=0.1)
26  plt.xlabel('days from 2012/7/1')
27  plt.ylabel('electricity consumption(*10000 kWh)')
28
29  # グラフ保存
30  plt.savefig('7-4-1-1-graph.png')
```

13行目まではすでに見た電力データの読み込みと結合です。

16行目で描画用のmatplotlibのサブモジュールpyplotをインポートしています。

19行目は画面サイズの設定です。

22-23行目は2012/07/01からの経過日数を求める処理です。**22行目**で2012/07/01を起点としたdatetime型のデータにし、**23行目**でそれを日単位に変換しています。

25行目は散布図の出力です。

26-27行目の軸のラベルを設定しています。

30行目では、できたグラフの保存を行っています。

実行すると図7-1のグラフが得られます。

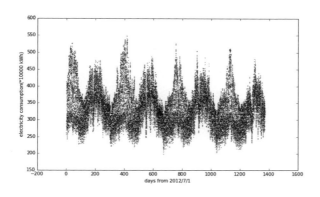

図7-1 電力消費量の時系列推移

グラフではおおよそ 180 日ごとに山があるように見えます。これは日本では夏と冬にそれぞれ電力消費量が高まる、つまり半年ごと（約 180 日ごと）にピークがあるという現象を反映しているように思われます。さらによく見ると、夏場のピークのほうが冬場のピークより高くなっています。四国は温暖な気候なので、冬場の暖房需要がさほど高くないのではないでしょうか。

データの分布を見るには、ヒストグラムも重要です。ヒストグラムを作成するコードは以下の通りです。データのロードの部分は先ほど同じなので、描画コードのみを示します（7-4-1-2-graph.py）。

```
15  # -- 可視化 --
16  import matplotlib.pyplot as plt
17
18  # 画像のサイズを設定する
19  plt.figure(figsize=(10, 6))
20
21  # ヒストグラム生成
22  plt.hist(elec_data['consumption'], bins=50, color="gray")
23  plt.xlabel('electricity consumption(*10000 kW)')
24  plt.ylabel('count')
25
26  # グラフ保存
27  plt.savefig('7-4-1-2-graph.png')
```

本質的に変わっているところは 22 行目だけです。電力消費量に対してビン数（横軸の区間の分割数）を 50 としたヒストグラムを描画しています。横軸は電力消費量の区間を、縦軸はその区間に対する度数、つまりそのような現象が起きた回数を示します。ある区間に立っているグラフの棒の高さは、その範囲に電力消費量が収まっていた時間の合計を示します。

実行すると図 7-2 のグラフが得られます。

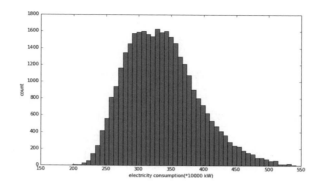

図 7-2 1 時間ごとの電力消費量分布

単峰性の分布で、特にいびつなものではなさそうです。

7.4.5 気象庁のデータ

次に、気象庁から取得した気象のデータを見てみましょう。

単純なコードで処理できた電力消費量のデータと違って、気象庁のデータには以下の問題があります。

- データの列数が多い
- 欠測値や、欠測ではないが数値ではないデータが多数ある

これらの問題も、pandas を活用すればある程度解決できますが、すべての対処はできません。正常な数値データでない場合、そのデータの意味を考えずに欠測扱いにするのは、データ処理としてはとても危険です。まずはデータの内容を確認しましょう。

内容

今回提供する気象庁のデータも、CSV 化までは済ませてありますが、欠測値の除外は行っておりません。データに含まれる記号の意味は、以下のサイトに記載されている通りです。

http://www.data.jma.go.jp/obd/stats/data/mdrr/man/remark.html

ここでは、以下の記号が重要です。

- "--"
  該当の現象がない場合。最も多いのは降水量の欄で、有人の気象台で降水現象なし（雨や雪などではない）の場合にこのマークが表示されます。
  有人施設で降水量 0.0mm のときは、降水現象自体はあるものの測定限界に達していない場合のデータなので、このマークとは意味が異なります。無人施設（アメダス）では降水現象なしの場合と降水量が測定限界に達していない場合が区別できないので、どちらも 0.0mm となります。
  このデータは欠測とは意味が異なりますので、後ほど扱いを検討します。
- "×"、"///"、"#"
  これらの意味するところはそれぞれ異なりますが、本章ではどれもデータの欠測として扱います。
- **空白値**
  日の出前や日没後の日照時間がこの扱いになります。欠測とは異なり、日の出前や日没後という情報が含まれていますので、後ほど扱いを検討します。

実際にデータを見てみましょう。47891_高松.csv の冒頭をエディタで見てみます。

```
日時,時,気圧(hPa)現地,気圧(hPa)海面,降水量(mm),気温(℃),湿度(%),風向・風速(m/s)風速,風向・風速(m/s)風向,日照時間(h)
2013-11-28 01:00:00,1,1012.1,1013.8,--,11.9,48,7.0,西,
```

最初の 1 行はヘッダで、項目名が保存されています。2 行目からが測定結果です。
項目名はなんとなくイメージはできても、細かい決め方は気象観測のルールを知らないとピンとこないものも多いと思います（表7-1）。実データを扱う際には、対象となるデータが採取された業務領域の知識が必要となることはしばしばあります。

表 7-1 気象データの項目

項目名	内容
日時、時	データを代表する日時です。この項目で示される日時より前の1時間に測定された値が、以下すべての項目に記録されます。
気圧（hPa）現地	測定場所に設置された気圧計で測定された気圧です。
気圧（hPa）海面	測定場所の標高から、海面（0m）での気圧に換算した値です。海面の基準は東京湾平均海面を用いています。
降水量（mm）	対象となる1時間に観測された降水量です。
気温（℃）	対象となる1時間の気温の平均値です。
湿度（%）	対象となる1時間の相対湿度の平均値です。
風向・風速（m/s）風速	対象となる1時間の風速の平均値です。
風向・風速（m/s）風向	対象となる1時間の風向の平均値です。
日照時間（h）	対象となる1時間の日照時間です。太陽が地上に出ていて、かつ雲に隠されていない時間をカウントします。

ロード

まずは欠測値を含めロードしてみます。高松の気象データを以下に示します（7-4-1-3-graph.py）[注3]。可視化コードの前段です。

```
1  import pandas as pd
2
3  # 気象データを読み込み
4  tmp = pd.read_csv(
5      u'47891_高松.csv',
6      parse_dates={'date_hour': ["日時"]},
7      index_col="date_hour",
8      na_values="×"
9  )
10
11 del tmp["時"]   # 「時」の列は使わないので、削除
12
13 # 列の名前に日本語が入っているとよくないので、これから使う列の名前のみ英語に変更
14 columns = {
15     "降水量(mm)": "rain",
16     "気温(℃)": "temperature",
```

注3 本スクリプトを実行すると「Columns (11,12,13,14) have mixed types. Specify dtype option on import or set low_memory=False.」という Warning が出ます。気象データは同じ列で行によって異なるデータ型があるためです。今回は説明が煩雑になるため、このままとしています。

```
17        "日照時間(h)": "sunhour",
18        "湿度(%)": "humid",
19    }
20    tmp.rename(columns=columns, inplace=True)
21
```

4-9 行目が CSV のロードです。高松のデータを読むように指示しています。

8 行目はここで指定した文字を na (Not Available) に設定する指定です。

11 行目は使用しない列の削除です。

14-20 行目で使用する列名だけ英語に変更しています。日本語名のままで処理を行うと不具合が生じる場合があるためです。

どのようなデータか確認してみましょう。先頭 3 行を表示させてみました。

```
>>> tmp[:3]
                     気圧(hPa)現地  気圧(hPa)海面  rain  temperature
humid   \
date_hour
2013-11-28 01:00:00   1012.1     1013.8     --    11.9       48.0
2013-11-28 02:00:00   1012.2     1013.9     --    11.5       50.0
2013-11-28 03:00:00   1012.3     1014.0     --    10.9       47.0

                     風向・風速(m/s)風速  風向・風速(m/s)風向  sunhour
date_hour
2013-11-28 01:00:00       7.0              西           NaN
2013-11-28 02:00:00       7.4              西           NaN
2013-11-28 03:00:00       6.8              西           NaN
```

先ほど触れた通り "rain"（降水量）に "--" 表記が、"sunhour"（日照時間）に NaN が含まれていることが分かります。実際には他の項目にも色々と含まれていて、対応が必要です。

可視化

気象データも可視化を試みてみましょう。月単位では典型的な瀬戸内の気候のパターンが「瀬戸内海式気候」として知られていますが、もっと細かく見るとどうなるのでしょうか？

まず、横軸に日付、縦軸に気温を取った散布図を示します（7-4-1-3-graph.py）。前段はすでに説明したので、可視化部分のみ示します。

```
22  # -- 可視化 --
23  import matplotlib.pyplot as plt
24
25  # 画像のサイズを設定する
26  plt.figure(figsize=(10, 6))
27
28  # ヒストグラム生成
29  delta = tmp.index - pd.to_datetime('2012/07/01 00:00:00')
30  tmp['time'] = delta.days + delta.seconds / 3600.0 / 24.0
31
32  plt.scatter(tmp['time'], tmp['temperature'], s=0.1)
33  plt.xlabel('days from 2012/7/1')
34  plt.ylabel('Temperature(C degree)')
35
36  # グラフ保存
37  plt.savefig('7-4-1-3-graph.png')
```

これまでのコードとさほど変更はありません。
29-30 行目で 2012/07/01 からの日数を計算し、**32 行目**で散布図を描画しています。

実行結果は図 7-3 の通りです。

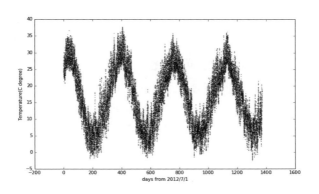

図 7-3 高松の気温の時系列推移

次に、気温のヒストグラムを示します（図7-4）。コード（7-4-1-4-graph.py）の構成はこれまでと同様ですので掲載は割愛します。横軸は気温、縦軸は度数です。

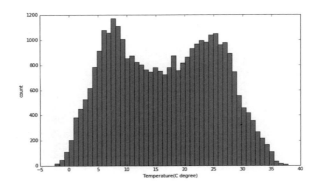

図 7-4　気温のヒストグラム

電力消費量と違って、5度付近と25度付近にそれぞれ山を持つ二峰性の分布になっていることが見て取れます。

7.5　高松の気温データと四国電力の消費量

それでは気象データから電力消費量を予測する回帰問題を解いてみましょう。気象データとして高松の気温データを選び、それから四国の電力消費量が回帰できるかを機械学習で試みます。

7.5.1　データの結合と可視化

7.4節で気象データと電力消費量データをそれぞれロードしましたが、まだそれらを結合していません。まずはデータの結合を行い、可視化まで行ってデータの様子を見てみましょう。以下のコードは、7-5-1-1-graph.py の前段です。

```python
import pandas as pd

# 四国電力の電力消費量データを読み込み
ed = [pd.read_csv(
    'shikoku_electricity_%d.csv' % year,
    skiprows=3,
    names=['DATE', 'TIME', 'consumption'],
    parse_dates={'date_hour': ['DATE', 'TIME']},
    index_col='date_hour')
    for year in [2012, 2013, 2014, 2015, 2016]
]

elec_data = pd.concat(ed)

# 気象データを読み込み
tmp = pd.read_csv(
    u'47891_高松.csv',
    parse_dates={'date_hour': ["日時"]},
    index_col="date_hour",
    na_values="×"
)

del tmp["時"]    # 「時」の列は使わないので、削除

# 列の名前に日本語が入っているとよくないので、これから使う列の名前のみ英語に変更
columns = {
    "降水量(mm)": "rain",
    "気温(℃)": "temperature",
    "日照時間(h)": "sunhour",
    "湿度(%)": "humid",
}
tmp.rename(columns=columns, inplace=True)

# 気象データと電力消費量データをいったん統合して時間軸を合わせた上で、再度分割
takamatsu = elec_data.join(tmp["temperature"]).dropna().as_matrix()

takamatsu_elec = takamatsu[:, 0:1]
takamatsu_wthr = takamatsu[:, 1:]
```

4-13行目はこれまで見てきた電力消費量データのロードと同じです。

16-32行目も同じく気象データのロードと準備です。

35行目がこの2つのデータを結合している部分です。join()で結合し、dropna()でNaNがある行を削除しています。その後as_matrix()によって値の部分のみを取り出しています。

結合したデータから散布図を描くと図7-5のようになります。コードはこれまでと同様ですので、掲載は割愛します（7-5-1-1-graph.py）。

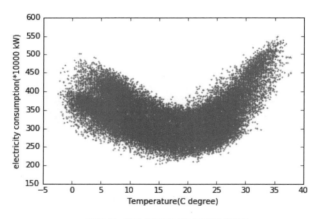

図7-5 高松の気温と四国の電力消費量

7.5.2　1時間分の気温データから電力消費量を推定

1時間分の気温データから電力消費量を予測する回帰問題を解く準備が整いました。ここではサポートベクターマシンを使うことにします。scikit-learnの機能を利用して5分割交差検証を試みます。性能の評価は決定係数で行います。学習と評価の部分のみ以下にコードを掲載します（7-5-2-1.py）。

```
41  # 学習と性能の評価
42  import sklearn.cross_validation
43  import sklearn.svm
44
45  data_count = len(takamatsu_elec)
```

```
46
47  # 交差検証の準備
48  kf = sklearn.cross_validation.KFold(data_count, n_folds=5)
49
50  # 交差検証実施（すべてのパターンを実施）
51  for train, test in kf:
52      x_train = takamatsu_wthr[train]
53      x_test = takamatsu_ wthr[test]
54      y_train = takamatsu_elec[train]
55      y_test = takamatsu_elec[test]
56
57      # -- SVR --
58      model = sklearn.svm.SVR()
59      y_train = y_train.flatten()
60      y_test = y_test.flatten()
61
62      model.fit(x_train, y_train)
63      print ("Linear: Training Score = %f, Testing(Validate) Score = %f" %
64              (model.score(x_train, y_train), model.score(x_test, y_test)))
```

42-43 行目は学習と評価に必要なモジュールのインポートです。

45 行目で電力消費量データの数を確認しておきます。

48 行目が交差検証の準備です。データ数と交差数を指定しています。

51-64 行目のループが交差検証の実施となります。

52-55 行目は各試行における学習とテストデータの取り出しです。`sklearn.cross_validation.KFold` の戻り値が、各試行における学習データとテストデータのインデックスとなっています。

58 行目は回帰版のサポートベクターマシンのモデルを生成しています。SVR は Support Vector Regression の略です。

59-60 行目は 2 次元配列を 1 次元化しています。

62 行目で学習し、**63-64 行目**でその結果（決定係数）を出力しています。

結果は以下のようになりました。

```
SVR:Training Score = 0.473118, Testing(Validate) Score = 0.426062
SVR:Training Score = 0.449673, Testing(Validate) Score = 0.487948
SVR:Training Score = 0.494837, Testing(Validate) Score = 0.346061
SVR:Training Score = 0.477914, Testing(Validate) Score = 0.429384
SVR:Training Score = 0.460190, Testing(Validate) Score = 0.388406
```

グラフ化すると、図7-6の通りになりました。横軸が気温、縦軸が電力消費量です。

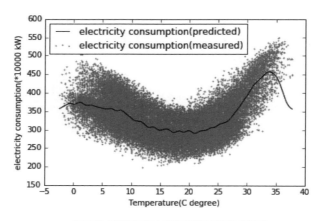

図 7-6　高松の気温と電力消費量の関係（SVR）

これなら、それなりに予測できているように見えます。そもそも気温が高いときはクーラー、気温が低いときはヒーターで電力を使うので、過ごしやすい気温のときに電力消費量が減るのは当然です。データが少ない左右両端はやはり当てはまりが悪いようです。

上記のモデルで得た、実際の値とモデルによる予測値の相関グラフを図7-7に示します（7-5-2-3-graph.py）。

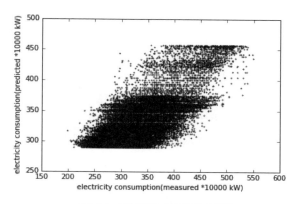

図 7-7 電力消費量の予測値と実測値

　先ほどのグラフと違って、今度のグラフでは予測できていると言うには少々無理があるように見えます。なぜでしょうか？

　同じ気温 20 度でも、春や秋の昼間と夏の名残の深夜では当然消費電力は違うでしょう。大雨の日の 20 度とよく晴れた日の 20 度でも違うでしょう。今回のモデルには、そういった要素が全く入っていません。他の情報を増やすと予測性能は上がるでしょうか。今回の気象データには他にも項目があるので、色々試してみましょう。

7.5.3　気象データの種類を増やしてみる

　7.5.2 項の例では気温データだけを使っていました。他のデータ、例えば降水量などを学習に加えたらどうなるでしょうか。日付を入れてみてはどうでしょうか。試してみましょう。

　データを追加する前に、未定義の値について考える必要があります。例えば、日照時間は「日照時間 = 0」と「日照時間が定義されていない」で意味が違います。前者は昼間に曇っていて太陽が出なかったことを指しますし、後者は例えば夜を指します。

　雨量についても、0 と未定義で意味が違います。前者は何らかの降水現象は起きているが測定限界に達していない、つまり霧雨のような天気を指しますし、後者は例えば晴れた状態を指します。

　このような未定義の値についても「未定義」と意味を持たせたまま機械学習に

投入する必要がありますので、未定義の値を欠測値として外してしまうわけにはいきません。

そこで、未定義の値は－1 に置き換えてみましょう。幸運なことに、日照時間も降水量も本来マイナスの値にはならないので、－1 の入力を機械学習に任せれば何かしら気付いてくれるかもしれません。真に適切な手法ではなくうまくいかない可能性もありますが、ひとまずこれでやってみます。

実は気象データの種類を増やすためのコードの変更は非常に少ないです。日照時間 (sunhour) を増やす場合の変更を見てみましょう。

```
# 気象データを読み込み
tmp = pd.read_csv(
    u'47891_高松.csv',
    parse_dates={'date_hour': ["日時"]},
    index_col="date_hour",
    na_values=['×', "--"]
)

del tmp["時"]   # 「時」の列は使わないので、削除

# 列の名前に日本語が入っているとよくないので、これから使う列の名前のみ英語に変更
columns = {
    "降水量(mm)": "rain",
    "気温(℃)": "temperature",
    "日照時間(h)": "sunhour",
    "湿度(%)": "humid",
}
tmp.rename(columns=columns, inplace=True)

# 気象データと電力消費量データをいったん統合して時間軸を合わせた上で、再度分割
tmp["sunhour"].fillna(-1, inplace=True)
takamatsu = elec_data.join(tmp[["temperature","sunhour"]]).dropna().as_matrix()

takamatsu_elec = takamatsu[:, 0:1]
takamatsu_wthr = takamatsu[:, 1:]
```

2-9 行目はいつもの気象データの読み込みです。6 行目の na_values の指定により、"--" も NaN に変換するようにしています。

21 行目は追加です。日照の NaN を-1 に設定しています。

22 行目で、join() の対象の列が増えていることを確認してください。

他の変更は不要です。

　上記の 22 行目で join する項目を変更するだけで、機械学習のための入力データの種類を変更できます。先ほどと同様にサポートベクターマシンを使い、入力データの種類を変えながら性能を見てみました。

　表 7-2 に結果を示します。

表 7-2　気象データの種類を増やしての電力との相関

入力データ	学習決定係数	テスト決定係数
気温、湿度	0.412683	0.387968
気温、日照時間	0.569860	0.573834
気温、降水量	0.482020	0.482102
降水量、日照時間	0.104566	0.105516
降水量、湿度	0.117978	0.107604
日照時間、湿度	0.164806	0.165156
気温、降水量、日照時間、湿度	0.506639	0.483496

　7.5.2 項で 1 時間分の気温だけ使ったときのスコアは 0.5 まで届きませんでしたので、気温＋日照時間の組み合わせを使うと改善できることが分かりました。

7.5.4　日時のデータを増やしてみる

　次に、日付や時間も入れてみましょう。そのためには、インデックスとして使っている date_hour の値から改めて月、日、時を取得する必要があります。

　変更部分は以下の通りです。

```
1  # 月，日，時の取得
2  tmp["month"] = tmp.index.month
3  tmp['day'] = tmp.index.dt.day
4  tmp['dayofyear'] = tmp.index.dayofyear
```

```
5  tmp['hour'] = tmp.index.hour
6
7  takamatsu = elec_data.join(tmp.[["temperature", "sunhour",
   "hour"]]).dropna().as_matrix()
```

2-5 行目で index に入っている日時データから各種情報を抜き出し、各行にセットしています。

　入力データへ含める方法は先ほどの例と同様、join 時の指定だけです。気象データで成績が良かった気温と日照時間に加えて、日時のデータを増やしたパターンで性能を計測してみました。
　表 7-3 に結果を示します。

表 7-3　気温と日照時間を使った電力との相関

入力データ	学習決定係数	テスト決定係数
気温、日照時間	0.569860	0.573834
気温、日照時間、月	0.602059	0.600861
気温、日照時間、1/1 からの日数	0.424975	0.409594
気温、日照時間、時	0.710861	0.699711
気温、日照時間、月、1/1 からの日数	0.477838	0.452129
気温、日照時間、月、時	0.718258	0.698832
気温、日照時間、1/1 からの日数、時	0.268380	0.246526
気温、日照時間、月、1/1 からの日数、時	0.328398	0.307268

　気温、日照時間に加えて、月と時刻（時）を追加した場合に、最も良い結果が得られました。
　平日と休日の社会活動は異なることを考えると、データセットに曜日を入れるともっと良い結果が出るかもしれません。こちらは今後の課題として残しておきます。

7.5.5　入力時間幅を増やしてみる

　そういえば、気温が上がりつつある午前中と、気温が下がりつつある午後では、市民の活動は違うかもしれません。例えば、3 時間分の気温の変動から電力消費量を推定すると、より性能が向上するかもしれません。

気温の日照時間を固定した上で複数時間のコードを追加するには、以下のような変更を加えます。これは 2 時間幅の例です。

```
1  # 月，日，時の取得
2  tmp["month"] = tmp.index.month
3  tmp['day'] = tmp.index.day
4  tmp['dayofyear'] = tmp.index.dayofyear
5  tmp['hour'] = tmp.index.hour
6
7  tmp = tmp[["temperature", "sunhour"]]
8  ld = tmp
9
10 h_count = 2
11 for i in range(1, h_count):
12     ld = ld.join(tmp.shift(i), rsuffix="_"+str(i)).dropna()
13
14 tmp = ld
15 ## データの統合
16 takamatsu = elec_data.join(tmp).dropna().as_matrix()
```

2-5 行目は日時データの追加で先ほどと同じです。

7 行目で気温と日照時間のみを取り出し、**8 行目**で一時変数に格納しています。

10 行目の h_count は時間幅の指定です。

11-12 行目で時間幅のデータを作成しています。特に **12 行目**は元データを時間方向シフトさせてから結合するので、1 回のループで 1 時間分ずれたデータのカラムが増えていくことになります。

14 行目で元の tmp に戻しています。

16 行目で電力消費量データと結合しています。

これまでの例に従い、気温と日照時間をベースに、数時間分のデータを使って推定を試みることにします。

表 7-4 に結果を示します。

表 7-4 気温と日照時間（時間分）を使った電力との相関

入力データ	学習決定係数	テスト決定係数
気温、日照時間（1時間分）	0.569860	0.573834
気温、日照時間（2時間分）	0.616450	0.620106
気温、日照時間（3時間分）	0.637716	0.637578
気温、日照時間（4時間分）	0.648013	0.635729
気温、日照時間（5時間分）	0.649537	0.637667

　気温と日照時間だけを用いると、3時間まではそれなりに効き目がありますが、それ以上のデータを使っても性能の向上は見られませんでした。

　先ほどの例では、気温＋日照時間＋月＋時間を組み合わせた入力データが最も良い性能を示していました。では、この入力を複数時間繋いでみましょう。月と時間は最新のものだけを使います。

　表7-5に結果を示します。

表 7-5 気温＋日照時間＋月＋時間と電力との相関

入力データ	学習決定係数	テスト決定係数
気温、日照時間（2時間分）、月、時間	0.686540	0.680493
気温、日照時間（3時間分）、月、時間	0.672057	0.661705
気温、日照時間（4時間分）、月、時間	0.663703	0.653820
気温、日照時間（5時間分）、月、時間	0.661522	0.650151
気温、日照時間（6時間分）、月、時間	0.653179	0.648417

　こちらを2時間以上使っても、結果の改善には繋がらないことが分かりました。

　以上では、高松の気象データから四国電力の電力消費量の予測を試み、今回試した範囲では表7-6の組み合わせにて最善の結果を得ることができました。

表 7-6 高松の気象データと電力消費量のベストスコア

入力データ	学習決定係数	テスト決定係数
気温、日照時間（1時間分）、月、時	0.718258	0.698832

　このモデルで得た、実際の値とモデルによる予測値の相関グラフを図7-8に示します（7-5-5-4-graph.py）。

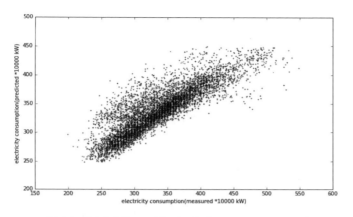

図 7-8　電力消費量の予測値と実測値（気温、日照時間、月、時）

7.6　もっと色々、そしてまとめ

　本章ではセンサデータとして、気象庁が観測した気象データと、四国電力が発表した四国内の電力消費量のデータを取り扱い、実際のデータで気象データから電力消費量を予測する回帰問題を機械学習で解いてみました。センサデータを機械学習でどのように扱っていくかのイメージをつかめたのではないでしょうか。

　ここで扱った要素や予測対象以外にも、試すことができる項目はあります。読者の皆さんご自身で行ってみると理解が深まるでしょう。

- 難易度（低）
    - グリッドサーチ
    - 曜日の要素を入れる
    - 高松以外の都市を使って予測を試みる
- 難易度（中）
    - 降水量の有無や昼／夜の別を、現在のように降水量や日照時間のデータに組み込むのではなく、別の変数として追加する
    - 複数の都市のデータを組み合わせて予測を試みる
    - データを規格化して、モデルを改善する
    - サポートベクターマシン以外の scikit-learn が提供する手法を用いてみる

- 難易度（高）
  - 4都市のそれぞれの入力を用いて作ったモデルをバギングで組み合わせる
  - xchainer や scikit-chainer を使って深層学習を試してみる

サポートサイトには本章で使った高松のデータ以外に、松山、高知、徳島のデータもアップロードしてあります。ご自由にお試しください。

7.7 終わりに

本編はこれにて終了です。本当にお疲れ様でした。ここまで分類と回帰とクラスタリングを見ました。さらに、より実践的な課題として画像による手形状判別とセンサデータによる回帰を体験しました。具体的にデータをどのように扱い、精度を上げるために何を行うか、そうしたことがイメージできたのではないでしょうか。

ここまで「触って覚える」をコンセプトに、機械学習を使うという観点で説明を進めてきました。今後さらに機械学習の高度な使いこなしを考えると、アルゴリズムや理論面の理解も欠かせません。この後の付録はそのためのステップともなります。

機械学習を究めていく道はまだまだ続きます。また、いつかどこかでお会いしましょう。

see you again

第4部

付録

　ここまでの説明は機械学習を「使う」ことを主眼に置いてきました。機械学習をより深く理解して使いこなしていくには、機械学習の仕組みを作ってみるというのも1つの方法です。そこで付録Aでは、簡単なアルゴリズムの実装をして機械学習の考え方をより深く学びます。また、機械学習の理論を理解するためには数学的な基礎知識が必要です。付録Bで線形代数のおさらいと代表的な非線形モデルを説明していますので、そちらも参考にしてください。

付録 A

Pythonで作る機械学習

A.1 この付録の目的

　本編では、scikit-learn により機械学習を実際に「使う」ことでその機能や特性を見てきました。これは重要なプロセスです。

　一方、プロジェクトや研究を進める上で、既存の手法を自分で実装する必要に迫られたり、新規の手法を思いついたりするかもしれません。そんなとき、機械学習を「作る」術を知らなければどうしようもありません。そこで、本付録では Python により簡単なアルゴリズムを実装して、仕組みや考え方を学びたいと思います。

　機械学習のアルゴリズムには様々なものがありますが、いずれもベースとなる「アイデア」を反映した「数理モデル」のもとで「損失関数」を導出し、「最適化法」により損失関数を最小化します（表 A-1）。

表 A-1 アルゴリズムのアイデアと最適化

アルゴリズム	アイデア	数理モデル	損失関数	最適化法
線形回帰	特徴量の重み付き平均	アフィン変換	二乗誤差	解析解/勾配法
ニューラルネットワーク	ニューロンの発火	アフィン変換＋活性化関数の組を多段化	二乗誤差	誤差逆伝搬法
非線形 SVM	マージン最大化	アフィン変換＋カーネル法	ヒンジ損失	凸二次計画法

本付録では、線形回帰の最小二乗法とニューラルネットワークを題材とし、損失関数や最適化法の考え方を説明します。

説明にあたっては線形代数と微分の基礎的な知識を前提とします。線形代数については付録 B に簡単な復習を設けましたので、そちらも参考にしてください。

A.2 最小二乗法

A.2.1 最小二乗法の考え方

基礎編で紹介した回帰問題を例に取ります。すでに見た通り、回帰問題の目的は**ある 2 つの変数の定量的な関係を表す関数を近似的に求めること**です。このとき指標として、予測誤差を用います。予測誤差とは、入力値を近似関数に入れて計算した出力値と実際の観測値とのズレのことです。**予測誤差の二乗和が最小になるようにパラメータを決定する方法**を最小二乗法と言います。

例として、次の問題を考えてみます。

- 問題：溶鉱炉の中心近くの温度をなるべく低コストで推定したい
- 入力値
  炉壁外周に張り付けた温度センサや圧力センサの出力
- 観測値
  炉の内部に挿入した耐熱性の高い温度センサの出力

観測値を直接利用できれば一番良いのですが、炉の内部に挿入できるセンサは調達、校正（キャリブレーション）、保守に多大なコストがかかるでしょう。したがって、内部のセンサ出力値を外部のより低コストなセンサ出力値から推定することができれば大きな価値があります。

特に、開発コストや技術などの事情で物理モデルを用いた信頼できるシミュレーションが利用できないケースにおいては、機械学習を利用してアプローチするのが得策です[注1]。

一般的に言えば、「入力値」は「手に入りやすい値」で、「観測値」は「入力値と

注 1　機械学習がシミュレーションよりも優れた結果を返すとは限りません。何でもデータドリブンで解決しようとすると、かえって状況を悪化させることもあります。

何らかの関係にあると思われるがその関係は未知である値」というケースが多いということになります。以下では、「入手しやすい入力値から入手しにくい観測値を小さな誤差で予測する」ことを目的と捉えることにしましょう。

今、m個の入力値と観測値の組$\{(x_1, y_1), (x_2, y_2), \cdots, (x_m, y_m)\}$が得られたとします。$y$の観測値は手に入りにくいですが、学習を実行するために高いコストを払って何とかm個はかき集めたのです。

このとき、図 A-1 (a) に示したように色々な種類の誤差要因が現れますが、そこは深く追究せず、とにかく現れてしまった誤差とどのように付き合うかを考えていきます。

この立場から見て関数$y = f(x)$に望まれる性質について、基礎編で述べた考えをおさらいします。

例えば、ある2点を選んで結んだ直線 (図 A-1 (b) の破線) は、その2点について誤差0の近似を与えますが、他の点を説明する能力 (＝汎化性能) に著しく欠けています。一方、すべてのサンプルにぴったり当てはまるような曲線 (図 A-1 (b) の点線) を定めると、データ全体の大まかな様子に比べて形が複雑すぎるように見えます。そこで、「**あえてそこそこの精度で**」「**手元にあるサンプル (学習データ) 全体について**」予測誤差が小さくなるような関数を定めるのが良さそうです。この戦略を図 A-1 (b) に実線で示しました[注2]。

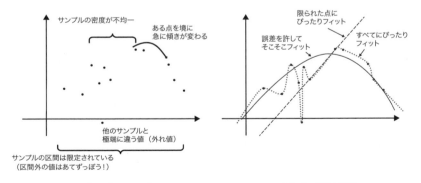

(a) 誤差要因の種類　　　　　　(b) 当てはめの戦略

図 A-1　誤差要因と当てはめの戦略

注2　これはあくまで1つの戦略であるということに注意してください。サンプル区間のうち、中央の値が最も重要なら中央付近のサンプルにぴったり当てはめてもよいですし、本当にサンプルすべてを再現する必要があるならばすべてにぴったりと当てはめるべきです。最小二乗法は様々なケースに通用する穏当な戦略ということです。

では、この戦略を数学的に表していきましょう。

まず、第1の戦略を実現するため、モデルとして1次多項式を考えます。このとき超平面以上に複雑な関数は作れませんから、必然的に完璧な当てはまりは実現できなくなります。

すなわち、d次元の入力値x（このことを、$x \in \mathbb{R}^d$と書きます）とスカラーの観測値yに対し、モデル

$$y = a^t x + b \tag{1}$$

を考えます[注3]。これは$a \in \mathbb{R}^d$、$b \in \mathbb{R}$というパラメータを定めれば、関数の形が1つに決まります。パラメータaとデータxとの内積を取ってスカラー値へ落とし込んでいることに注意してください。また、この式は$d = 1$のときは単なる直線の式です。

入力がx_iのとき、1次のモデルによる予測値は$a^t x_i + b$なので、実際の観測値y_iとの予測誤差は$y_i - (a^t x_i + b)$となります。この値は正の値も負の値も取るため、単純に足し合わせると符号の違う誤差が打ち消し合って過小評価してしまいます。そこで、代わりに二乗和

$$L(a, b; x_1, x_2, \cdots, x_m, y_1, y_2, \cdots, y_m) = \sum_{i=1}^{m} \left(y_i - (a^t x_i + b)\right)^2 \tag{2}$$

を小さくすることを考えます[注4]。ここで、記法について、$L(\cdots ; \cdots)$のように、セミコロンによる区切りを入れていることに注意してください。これは、**Lはa、bを変数とする関数である**ことを示しています。セミコロンの右側の値は、実際に与えられた値の組という「条件」を示しています。「aとbの値を動かしたときにLの値がどうなるか」を考えるのであって、xとyの組は動かしがたい前提であるということです。以下ではこの関数Lを損失関数と呼びます。

以上より、

- ある入力を入れると観測値の予測値を返す関数

注3 この式の第1項はaについて線形ですが、式全体は非線形です。このような、「線形変換＋定数項」の変換をアフィン変換 (affine transform) と呼びます。

注4 絶対値でも良さそうですが、絶対値の関数としての扱いは結構面倒です。絶対値やその他の誤差評価を用いた当てはめは本書では扱いません。

というあやふやな対象を推定する問題が、

- 損失関数Lを最小にするような1次モデルのパラメータa、b

という具体的な値を推定する問題に言い換えられました。

A.2.2　行列・ベクトル方程式による表現

ところで、式 (2) は添字と和の記号Σで書かれていてちょっと鬱陶しいですね。このような場合は、ベクトルや行列を使うとすっきり表現できることが多いです。この付録でもそちらの記法を使っていきましょう。

今回のモデル式は$y = a^t x + b$でした。すべての観測値についてこの式が成り立つという（理想的な）関係式を作ると、

$$\begin{pmatrix} y_1 \\ y_2 \\ \vdots \\ y_m \end{pmatrix} = \begin{pmatrix} a^t x_1 + b \\ a^t x_2 + b \\ \vdots \\ a^t x_m + b \end{pmatrix} = \begin{pmatrix} x_1^t \\ x_2^t \\ \vdots \\ x_m^t \end{pmatrix} a + \begin{pmatrix} 1 \\ 1 \\ \vdots \\ 1 \end{pmatrix} b \tag{3}$$

となります。最右辺で共通のパラメータをくくり出しています。

最右辺第1項は行ベクトルx_i^tを並べているので、$\mathbb{R}^{m \times d}$の行列であることに注意してください。

さらに、

$$Y = \begin{pmatrix} y_1 \\ y_2 \\ \vdots \\ y_m \end{pmatrix}, \quad A = \begin{pmatrix} x_1^t & 1 \\ x_2^t & 1 \\ \vdots & \vdots \\ x_m^t & 1 \end{pmatrix}, \quad D = \begin{pmatrix} a \\ b \end{pmatrix} \tag{4}$$

という行列・ベクトル変数を定義すると、式 (3) は

$$Y = AD \tag{5}$$

という連立1次方程式とみなすことができます。$Y \in \mathbb{R}^m$、$A \in \mathbb{R}^{m \times (d+1)}$、$D \in \mathbb{R}^{d+1}$であることに注意してください。

しかし、未知数a、bに対して条件が多すぎるため、一般的にはこれを満たす解が存在する保証はありません[注5]。

そこで、誤差ベクトル$E = Y - AD$を考え、Eを最小にするようなDを最適な推定値として求めます。この推定値を記号^（ハット）を用いて$\hat{D}$（ディーハット）と呼ぶことにしましょう。

Eはベクトルなので大きさとして**L2 ノルム**を考えると、(2)と同じ式が導出されます。つまり、「誤差の二乗和とは誤差ベクトルのL2 ノルムである」と言えます。

この記法のもとでは、損失Lは

$$L(D; A, Y) = \|Y - AD\|^2 \tag{6}$$

と表せます。「A、Yという条件のもとでのDの関数」です。すっきりしましたね。

A.3　行列計算による解析解の導出

それでは、式(6)を変形してパラメータDを求めていきましょう。

(6)の右辺はDの2次関数（2次形式）の最小値ですから、

$$\frac{\partial L}{\partial D} = \mathbf{0} \in \mathbb{R}^{d+1} \tag{7}$$

から解を求めることができます。一般の関数に対しては式(7)は最大・最小値の必要条件でしかありませんが、2次形式はDの凸関数なので(7)が十分条件にもなります。

微分を具体的に計算してみると、

$$\begin{aligned}\frac{\partial L}{\partial D} &= \frac{\partial}{\partial D}(Y - AD)^t(Y - AD) \\ &= \frac{\partial}{\partial D}(Y^t Y - 2Y^t AD + D^t A^t AD) \\ &= 2(-A^t Y + A^t AD)\end{aligned} \tag{8}$$

注5　数学的には解が存在する場合もあります。ただし、その場合は他の行の線形和で書ける行が$m - (d+1)$本存在することになります。計測ノイズの影響で通常そのようなことは起こりませんし、起こったとしても沢山のデータのほとんどが無駄だったということに他なりません。あるデータの関係が他のデータの線形和で表現できてしまうということは、線形なモデルを考える限り、異なる情報を取得したことにならないのです。

この最下辺を 0 と置くと、$\hat{D}$ が満たすべき方程式

$$A^t A D = A^t Y \tag{9}$$

が得られます。$A^t A$ が可逆であれば、

$$\hat{D} = (A^t A)^{-1} A^t Y \tag{10}$$

と、$\hat{D}$ が一意に求まります。この場合、$A^t A$ が可逆であるためには A の列空間が $\mathbb{R}^{d+1}$ に一致する必要があります[注6]。

以上により、$\hat{D}$ をデータ A、Y のみを使って表すことができました。

このように、（解）=（何らかの式）という形で表せる解を、**解析解（analytic solution）** や、**閉じた形の解（closed form solution）** と呼びます。

ところで、式変形を追うことはできましたが、ここまでの式変形はどのような意味を持っていたのでしょうか。これは非常に重要なところですが、本付録の趣旨からは外れますので、付録 B にて説明を加えます。興味のある読者は目を通してみてください。

さて、行列を用いた解法は分かりやすいですが、その適用範囲は極めて限られています。線形回帰に対する最小二乗法では式変形によって明示的に解を求めることができましたが、その他のほとんどのアルゴリズムでは解析解を得られません。たいていの場合、**反復法** によって最適化を行います。

次節では **反復法** の考え方と実際について見ていきます。

注6 一致しないのは、注 5 よりもさらに極端な状況で、他の行の線形和で書ける行が $m - (d+1)$ 本よりも多いということになります。

A.4 反復法

A.4.1 反復法と評価関数

反復法とは、主に解析解の得られない問題に対し、

1. ある適当な初期値を解の推定値とする
2. その解が目的を満たしているか評価する
3. 評価結果に基づいて推定値を少し変形する
4. 予め定めた基準を満たすまで1~3を繰り返す（**反復する**）

というステップを踏んで真の解を推定していく手法です。「目的を満たしているか評価する」には、通常**目的関数**もしくは**評価関数**と呼ばれる値の大小を利用します。任意の形のデータを「評価」し1つの値に落とし込む関数を用意するのです。1つの値であれば大小を比較できますから、現在の解の良し悪しが判定できるわけです。ここまでで見た「損失関数」は、目的関数や評価関数の類義語ですが、特に値の「悪さ」を示す関数を意味します。

今、1つのデータ x が与えられたとき、パラメータ w の評価関数を $f(w;x)$ と書くことにします。x は「条件」であり、セミコロンの右側に書きます。しかし、これはちょっと重い表記なので、以下ではしばらく x を省き、$f(w)$ と略記します。

評価関数には様々な種類がありますが、ここでは引き続き誤差の二乗和を見ていきます。

A.4.2 最急降下法

さて、評価関数を定めたところで、次はその評価関数に基づいて解を修正していく方法を考えましょう。図 A-2 を見てください。これは何らかの問題における損失関数を山にたとえたものです。損失を最小化するように解を修正していくことを、山を下ることと考えます。山のある斜面から谷底を目指すとき、**どの方向へ**、**どれだけ**進めば効率が良いでしょうか。最も素朴なのは、今立っている位置から最も急に下る斜面の方向へ進んでいくことです。これを**最急降下法**と呼びます。

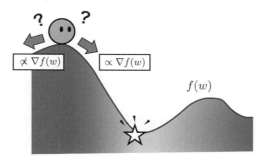

図 A-2 最急降下法

このたとえ話を数学的に表していきましょう。まず、1変数の場合を考えます。このとき、たとえ話と数学の言葉との対応は

- 「山」⇒パラメータ w の評価関数 $f(w)$
- 「下る方向にどれだけ急か」⇒「ある点における接線の傾きに負の符号を付けたもの」すなわち $-\dfrac{\partial f(w)}{\partial w}$

となります。

多次元の場合、d 個のパラメータのそれぞれについて微分を計算した勾配ベクトル

$$\nabla f(w) = \left(\frac{\partial f(w)}{\partial w_1} \quad \frac{\partial f(w)}{\partial w_2} \quad \cdots \quad \frac{\partial f(w)}{\partial w_d} \right)^t \tag{11}$$

を利用します。すなわち、下る**方向**を表すベクトルは $-\nabla f(w)$ です。

次は**どれだけ進めばよいか**を考えましょう。

微分というのは、「曲線のある点における接線の傾き」ですから**その点のごく近くで成り立つ量**です。したがって、「**ある点から見た**進むべき方向」に向かって進めば進むほど、「**進んだ先の点から見た**進むべき方向」はズレていきます。

となると、勾配を計算してはその方向にちょっと進み、また勾配を計算してはちょっと進み、…と繰り返せばズレが小さくなりそうです。しかし、進む幅を無限に小さくすると永遠に谷底にはたどり着きません。そのため、ほどよい大きさの進み幅を決めてやる必要があります。この進み幅を**学習率**と呼びます。学習率

を α と書くことにします。

今、ある初期値 w_0 のもと、パラメータの更新を t 回繰り返したとします。このとき、次の更新値（$t+1$ 番目の値）を

$$w_{t+1} = w_t - \alpha \nabla f(w_t) \tag{12}$$

と定めます。これが最急降下法の更新則です。更新は、適切な基準を満たすまで繰り返します。例えば、評価関数の値が十分小さくなったとき、更新量が十分小さくなったとき、あるいはもっと単純に一定回数繰り返したときなどに終了するといった調子です。

A.4.3 モーメント法

ここで、単純な最急降下法でうまくいかない例を見ます。例えば、斜面のある点が少しへこんでいて、前ステップからの更新の結果、その小さなくぼみの底にたどり着いたとします（図 A-3）。

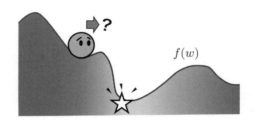

図 A-3 局所解

このときこの小さな底における勾配はほぼ 0 ですが、更新量を 0 としてしまうと、学習はそこで止まってしまいます。ある点における情報のみに基づいて更新量を決定すると、その点近くにおける最大・最小値（＝**局所解**）にたどり着いてしまうのです。しかし、実際に目指すべきなのは局所解の中でも最も低い点（＝**大域解**）です。局所解を避け大域解を目指す方法は多数提案されていますが、ここでは機械学習の分野でよく用いられ、かつ簡便な手法である**モーメント法**を紹介します。

説明のため、最急降下法の更新則 (12) の更新量の部分を Δw_t と置きましょう。すなわち、

$$\Delta w_t = -\alpha \nabla f(w_t) \tag{13}$$

です。モーメント法ではこれを修正して、

$$\Delta w_t = -\alpha \nabla f(w_t) + \beta \Delta w_{t-1} \tag{14}$$

と置き換えます。βはモーメントで、学習率αと同じく小さな値を持つ定数です。ある点での勾配が0でも、直前までの「慣性（モーメント）」が考慮されて止まらないというわけです。このように、一度足された勾配が減衰しながらも足され続けるため、ある点の勾配のみならず過去の勾配の情報も利用して山を下ることができます。

更新量に大域的な情報を入れ込む方法は他にも数多く提案されていますが、概ね勾配に基づいた更新則に「ちょっとした修正」を加えているものです。それだけ最急降下法は重要な基礎になっているのです。

A.4.4　ミニバッチ法と確率的勾配降下法

ここまで、評価関数$f(w;x)$のxを省略した記法を使ってきました。ところで、xとは何者でしょうか。解析解のときは、xは**手元にあるデータ全体**を表します。しかし、全体についての勾配を何度も計算するのは高コストなので、反復法ではxとして**データの一部**を取ります。

ここで、データ全体をX、その一部をx_iと表すことにします。このとき、$f(w;X) \neq f(w;x_i)$です。評価関数を計算する前提条件が異なれば、同じwに対しても違う値が返ってくるわけです。いくら計算が大変だからといって、元の$f(w;X)$とは全然違う形の$f(w;x_i)$について評価を下していては意味がありません。そこで、$f(w;X)$を使った場合になるべく近い解を導く方法として広く使われている方法が**ミニバッチ法**です。

ミニバッチ法の考え方はごく単純です。適当な個数（バッチサイズ）だけデータ（ミニバッチ）を取ってきます。そして、i番目のミニバッチB_iの要素x_jについて計算した評価関数の勾配$\nabla f(w;x_j)$を単に足し合わせた

$$\nabla f_i(w) = \sum_{x_j \in B_i} \nabla f(w;x_j) \tag{15}$$

という値を、更新則の∇fに代入して重みを更新します。同じことをミニバッチ

に選ばれたデータがなくなるまで繰り返します。この繰り返し1回を**エポック**と呼び、n回目という意味でnエポックと数えます。繰り返しは予め定めたエポック数に達するまで続けます[注7]。

単純な方法ではありますが、バッチサイズとエポック数が適切に選ばれていれば十分良い結果に到達できることが経験的に知られています。

以上のように、勾配に基づいた更新則をミニバッチ単位で適用し、反復的に評価関数を最小化していく方法を総称して、**確率的勾配降下法**と呼びます。英語で **Stochastic Gradient Descent** と言いますが、これを略した **SGD** という用語もよく用いられます。大規模データを利用する機械学習では、非常に多くの文脈でこのSGDが現れてきますので、是非覚えておいてください。

A.5　コードを書く前に…

こうして、評価関数と最適化アルゴリズムという道具立てが揃いました。それでは早速これらをコーディングして実行してみましょう、…というところで、1つ問題にぶつかります。ここまで触れずに来ましたが、最急降下法における学習率の具体的な値はどのように決めるのでしょう。また、最適化を終える基準の値（反復数や誤差の許容値）、ミニバッチ法におけるバッチ数、モーメントの値といった種々の定数を決める方法はあるのでしょうか。そのほかにも、プログラム上に書き込まなければならないにも関わらず、その定め方がよく分からない数値は数多く存在します。

このような、アルゴリズムによる決定対象にならず、ある種の勘や経験則、試行錯誤によって決定しなければならないパラメータのことを**ハイパーパラメータ**と呼びます。この説明は厳密な定義ではありませんが、大雑把にはこの程度の理解で十分です。重要なのは、ハイパーパラメータを決定するためには**いちいち最適化を実行し、その結果に応じて調整していかなければならない**ということです。したがって、大規模な問題になればなるほど、その調整には莫大な時間と手間を要することになります。そのためハイパーパラメータの個数は、アルゴリズムの使いやすさの重要な指標になります。

[注7]　ミニバッチの取り方はエポックごとにランダムに決めることが多いですが、データの性質次第では固定順でもそれなりにうまくいくこともあります。

ここまでの話をまとめると、一般に最適化問題を解くためには

1. 評価関数
2. 最適化アルゴリズム
3. アルゴリズム固有のハイパーパラメータ

という3つの要素を決める必要があると分かります。どの問題に対してどの組み合わせが最も有効かを決定する一般的な指針は、残念ながら存在しません。優れたアルゴリズムであっても適用対象や適用条件次第で無用の長物となりうるのです。

A.6　実装例

本付録ではここまでに説明した内容を実装した例に触れますが、コードの詳細な説明は紙面の都合上割愛します。その代わり、コード中にはなるべくコメントを付与し、データやパラメータを設定しやすいようにしました（本文で触れなかった部分も含む）。1通り読み終わったら、条件を様々に変えることで挙動がどう変わるか、読者の皆さん自身の手で実験してみてください。

本付録のコードはすべてサポートサイトに配置してあります。次の各ファイルをダウンロードし、適当な作業ディレクトリに配置してください。

- get_data.py：データ生成と取得インターフェース
- linear_regression_analytic_solution.py：線形回帰（解析解）
- linear_regression_iterative_solution.py：線形回帰（反復法）
- neural_network.py：ニューラルネットワーク

なお、データ取得のコード get_data.py についての説明は省略します。これは他の3つのコードからモジュールとして呼び出していますが、単体で実行すればどのようなデータを使っているかを見ることができます。図A-4に、"正解"の関数の等高線と、学習・テストに利用する点の座標を示しました。

以下ではデフォルトで 10 次元の人工的なデータを利用しますが、表示上は先頭の 2 次元のみを見ていきます。

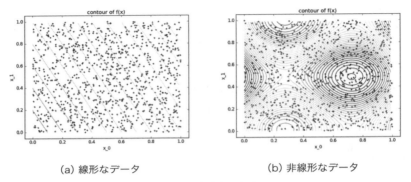

(a) 線形なデータ　　　　　　　　(b) 非線形なデータ

図 A-4　使用するデータ

A.6.1　解析解による線形回帰の実装

A.3 節では解析解を直接書き下す方法、A.4 節では反復法について説明しました。本節ではそれらの具体的なコードを見ていきます。

まず、linear_regression_analytic_solution.py を実行してください。これは解析解を計算するスクリプトです。

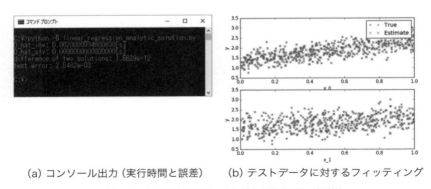

(a) コンソール出力（実行時間と誤差）　(b) テストデータに対するフィッティング

図 A-5　実行結果（線形データに対する線形回帰、解析解）

図 A-5 のような結果が得られたと思います。図 A-4（a）の線形なデータに対して線形回帰を実行している様子を示しています。

これを閲覧しながらコードを見てみましょう。

コードの中身はそれなりに簡潔です。これが解析解の利点の1つです。数式をプログラミングできるライブラリを利用すれば、解をそのまま記述することができるのです。

さて、コードが簡潔なのは良いですが、その性能はいかほどでしょう。

図 A-5（b）は 10 次元の超平面へのフィッティングの様子を、最初の 2 次元についてのみ表示したものです。概形が似ているだけでなく、個々の点（+ と ×）も近い位置にプロットされています。図 A-5（a）によれば誤差は約 0.0025 ですが、これが良いのか悪いのかは目的によります。余力があれば基礎編を参考にして、決定係数を出力するようにコードを改変してみてください。良し悪しがより分かりやすくなるでしょう。

また、線形回帰の性能は特徴ベクトルの次元、サンプル数、非線形性の有無などで大きく変わります。コード中のコメントにもある通り、これらを様々に変えて実験してみてください。

ところで、このスクリプトには解らしき変数が2つあるのにお気付きでしょうか。D_hat_inv と D_hat_slv の2つです。

見比べてみると、D_hat_inv は一見して式通りのコードになっています。どうやら np.linalg.inv() メソッドが逆行列を計算しているようです。inv はきっと "inv"erse（逆）のことでしょう。

一方、D_hat_slv を返す np.linalg.solve() メソッドは、solve（求める）という名の通り、連立方程式 $A^t A D = A^t Y$ を解くメソッドです（両辺に A^t を左から掛けることで、変数の個数と方程式の本数とが一致することに注意してください）[注8]。

逆行列を求めることと連立方程式を解くことは数学的には等価ですが、主に計算時間が異なります。

注8 コード中の dimension と num_of_samples の大小関係に注意してください。dimension > num_of_samples のとき、最小二乗解は必ず存在しますが、その値はもはや一意には決まりません。方程式の本数が足りないためです。また、dimension < num_of_samples であっても、十分に多くのサンプル数がなければ良い推定精度は出ません。すでに述べた通り、少数のデータに完全にフィットさせる戦略は汎化性能に乏しいからです。これらの場合の誤差がどうなるか、実際に試してみてください。

逆行列を計算するための計算量は$O(n^3)$であるのに対し、連立方程式を解くのに必要な計算量は（極端に高い精度を求めないならば）$O(n^2)$で済むのです。両者は数式上は肩の整数が1つ違うだけですが、実感としては大きな差があります。計算量を考える際には、$O(1)$、$O(n)$、$O(n \log n)$は問題なし、$O(n^2)$なら状況次第で可、$O(n^3)$は著しく遅いのでやめておくべき、ぐらいに考えておくとよいでしょう。

A.6.2 反復法による線形回帰の実装

本項ではいよいよ反復法の実際のコードを見てみます。まず、反復法の骨子を理解するため、凝ったアルゴリズムではなく、線形回帰のモデルに対して反復的に最小二乗法を適用するコードから始めましょう。スクリプト linear_regression_iterative_solution.py を実行してください。図 A-6 のような出力が得られたでしょうか。

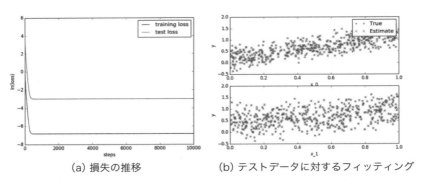

(a) 損失の推移　　(b) テストデータに対するフィッティング

図 A-6 実行結果（線形データに対する線形回帰、反復法）

テストデータに対するフィッティングの様子（図 A-6 (b)）は解析解と何ら変わりありません（データ生成に乱数を使っているので概形は異なります）。

また、今回は損失の推移もグラフにプロットしています（図 A-6 (a)）。縦軸を対数スケールにしていることに注意してください。このグラフを見ると分かる通り、ステップを増すごとに損失は下がっていきますが、その下がり方はすぐに飽和しています。その上、ほぼ収束した解のテスト損失は決して解析解より優れているとは言えません。線形回帰の場合は解析解が最適であるのは間違いないわけ

ですから、その他の手法でどう頑張ろうとその結果は超えられないわけです。

続いて、コードを見ていきましょう。一見して明らかに行列解法と違うのは、「ここで答えが得られる」という行は存在せず、for文の繰り返しのたびに変数 x_hat に新たな値が代入されている点です。また、行数も大分増えています。

しかし、基本的な性能はもちろん同じです。解析解のコードと同様、データやパラメータを変えてみると同じ性質の振る舞いをすることが分かると思います。

特に、反復法特有のハイパーパラメータである学習率を大きくすると、損失は収束するどころか発散していきます[注9]。しかも「大きい」と言っても、0.1 程度の値で発散してしまうのです。ここからも、ハイパーパラメータのチューニングがいかに厄介かうかがい知れるでしょう。

以上を踏まえると、わざわざ込み入ったコードを書いてまで反復法を導入した甲斐もなく、非常に残念な気持ちになりますね。

そこで、次は本質的に反復法でなければ解けないモデルに移りましょう。**ニューラルネットワーク**です。

A.6.3 反復法によるニューラルネットワークの実装

続いて、典型的な非線形の判別器であるニューラルネットワークを回帰問題に応用した場合の実装を見てみましょう[注10]。いきなり話が飛躍したように感じるかもしれませんが、ごく単純な構成のニューラルネットワークを実装するのはそこまで難しくありません。

ニューラルネットワークの性質を見る前に、まずは線形回帰で非線形な問題を解いてみましょう。linear_regression_iterative_solution.py には `nonlinear` という変数が用意されています。その値はデフォルトで False ですが、これを True に変えることで図 A-4（b）の非線形データに対して回帰を実行できます。その結果が図 A-7 です。

[注9] 線形回帰の二乗誤差は D の凸関数なので局所解を持ちません。したがって先述の説明ではモーメントの値を変更しても効果がなさそうに思えますが、実際には収束のスピードに影響を与えます。複数ステップの情報は更新を行う方向にも影響するためです。

[注10] ニューラルネットワークのアルゴリズムについては付録 B を参照してください。

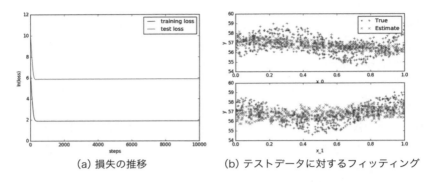

(a) 損失の推移　　　　(b) テストデータに対するフィッティング

図 A-7　実行結果（非線形データに対する線形回帰、反復法）

この結果からは、次の2つのことが言えそうです。

- 完璧ではないが、おおよそ概形に沿うような平面を学習している
- 学習は線形データの場合と同じく数百回の反復で収束している

　図を見ると、線形なデータを相手にした場合に比べて精度が落ちています。しかし、回帰の目的次第ではこれでも十分な場合もあります。また、この結果は何回実行してもほぼ同じです。したがって、そこそこの精度で素早く確実に解が手に入ると考えると、決して悪い方法ではありません。
　しかし、より良い精度で曲面を表現することが要求されている状況であれば、線形回帰の枠組みの中ではこれ以上の改善は望めないわけですから、非線形回帰を導入する必要が出てきます。
　それでは neural_network.py を実行してください。こちらのスクリプトではデフォルトで非線形データを利用します。また、ニューラルネットワークの構成は入力10次元に対し、50次元、100次元の層を順に接続しています。つまり、次元を5倍してから2倍しています。

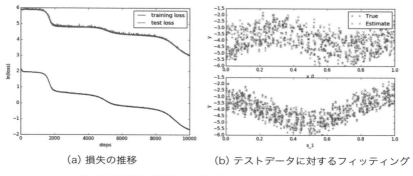

(a) 損失の推移　　　　(b) テストデータに対するフィッティング

図A-8　実行結果（非線形データに対するニューラルネットワーク回帰）

　結果は図A-8のようになることが多いでしょう。フィッティングの結果は線形回帰の場合とは違い、**データの分布に沿うような曲面**になっています（図A-8（b））。アフィン変換とシグモイドの適用を2回繰り返すだけでこのような形状が構成できるのです。また、損失も線形回帰の場合と挙動が異なり、下がり始めは遅いものの10,000エポックの計算後でも飽和せず下がり続けています（図A-8（a））。もう少しエポック数を増やしていけば、なおも下がっていきそうにも見えます。

　こうして見ると素晴らしいアルゴリズムのようですが、問題点もあります。第一に、**ネットワークの構成方法が手続きとして定まっていません**。ここでは50次元、100次元の2層を接続していますが、これはこの問題を解くための必要条件でも十分条件でもありません。試しに層をどちらも10次元にしてみたり、層の数を増減させたりしてみましょう。うまくいく場合とそうでない場合とがあると思いますが、その理由は不明瞭です。

　さらに、この結果は**必ずしも再現性を持ちません**。10次元程度の入力であればそこまで不安定でもないのですが、試しに入力の次元を100などにしてみると、同じ構成のネットワークで実験を繰り返しても、すぐに収束する場合もあれば10,000エポック繰り返しても初期状態から変動しないという場合もあります。

　これは非線形関数に特有な**初期値鋭敏性**と呼ばれる性質に起因するものです。重みをランダムに初期化している影響が線形の場合に比べて遥かに強く表れるのです。

続いて、解析解による実装と対照しながらコードを見ていきましょう。

若干複雑になっています。特に大きく異なるのは、行列計算を行っていた部分が backward()、forward() というメソッドに置き換わっている部分です。

forward 計算というのはベクトルをニューラルネットワークに入力し出力層まで順番にたどっていくことを指し、順伝搬とも言います。一方 backward 計算というのは出力層の誤差をもとに層を逆順にたどって重みを更新していくことを指し、逆伝搬とも言います。

この部分は線形回帰と異なりますが、その他の部分はよく似た構造を持っています。

ニューラルネットワークに限らず、この手の反復的な計算を行うプログラムは大雑把に言って大体同じようなフローをたどります。つまり、

1　（ハイパー）パラメータの設定
2　データの準備（読み込みや生成、整形）
3　反復的な計算の本体
4　結果の表示・保存

という具合です。

往々にしてありがちなのが、この手の類型的な処理に手間取り、アルゴリズムの実装に着手するまでに時間がかかるケースです。

このようなことを避けてアルゴリズムの実装に注力するためには、類型的な処理や下位の計算はなるべくミドルウェア・フレームワーク[注11]を利用するのが賢い選択と言えるでしょう。

注11 本書の例で言えば、NumPy、matplotlib、scikit-learn、pandas がそれにあたります。

付録 B

線形代数のおさらいと代表的な非線形モデル

B.1 この付録の目的

付録 A では、機械学習を「作る」方法を簡単に見ました。大雑把におさらいすると、機械学習の枠組みを「評価関数」、「最適化手法」、「ハイパーパラメータの設定」に分けて考え、それぞれの実装を見たのでした。

この付録ではさらに 1 歩進んで、その枠組みの裏側にある数学的な背景に焦点を当てていきます。その目的は、いわば機械学習を「理解する」といったところです。

機械学習の数学的な枠組みは、乱暴に言ってしまえば**線形変換と非線形変換の組み合わせ**です。実際のところ、この世に存在する「変換」は線形変換と非線形変換だけなので、このお題目はナンセンスと言えばナンセンスです。しかし、この 2 つの変換を区別して考えることは、機械学習の理屈を知る上ではとても重要です。

以下では、まず線形代数のおさらいをします。紙面の都合上、1 から説明することはできないので、機械学習との関連に焦点を当てて振り返っていきます。そして線形と非線形の違いを理解した上で、機械学習における代表的な非線形モデルである**ニューラルネットワーク**と**非線形 SVM** を紹介します。

B.2 そもそも「線形」とは

いきなりですが、定義の話をしましょう。「ある関数 $f(x)$ が x について線形で

ある」とは、

$$f(x+y) = f(x) + f(y)$$
$$f(\lambda x) = \lambda f(x) \tag{1}$$

という条件が満たされていることを言います。λ は任意のスカラーであり、x や y は「和とスカラー倍が定義されている何か」です。

(1) の 1 行目の式は「要素を足してから処理する」ことと「処理した要素を足す」ことが一致すると言っています。2 行目の式は「(スカラー倍で) 伸び縮みさせてから処理する」ことと「処理してから伸び縮みさせる」ことが一致すると言っています。当たり前に聞こえますが、そうでもありません。線形でない関数としては

$$f(x) = x^2$$
$$f(x) = \sin x \tag{2}$$

などがあります。線形でない (**非線形な**) 関数は至るところに存在するのです[注1]。

では、線形という性質の何がうれしいのでしょうか。次節から少しずつ具体的な話を見ていきましょう。

B.3 線形変換とアフィン変換

B.3.1 線形結合

またもやいきなりですが、**線形結合**というものを定義します。

d 次元のベクトルが m 本あったとします。これらに m 個の何らかのスカラー係数 c_i を掛け、すべて足し合わせたものを線形結合と呼びます。式で書けば、

$$y = \sum_{i=1}^{m} c_i x_i \tag{3}$$

です。簡単な例として、$m = 1, 2, 3$ の場合を考えてみましょう。$d = 2$ の場合を

注1 これらの例の場合、どちらの条件も成り立たないことを確認してみてください。もちろん、一般にはどちらか片方でも条件が成り立たなければ非線形です。

図示すると図 B-1 のようになります。

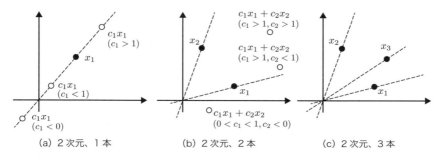

図 B-1 2 次元平面上の線形結合

$m=1$ の場合は図 B-1 (a) です。c_1 を色々に変えることで、2 次元平面上で x_1 と同じ向きにある直線を表現できることが分かりますね。$m=2$ の場合は図 B-1 (b) です。(c_1, c_2) というペアの値を変えることで、2 次元平面上のどの点も表現できます。では、$m=3$ ならば 3 次元上の点を表せるかというと、そんなことはありません。図 B-1 (c) のように、個々のベクトルが 2 次元平面上にある限り、何本足し合わせようとその平面から抜け出すことはできません。

つまり線形結合は、**いくつかのベクトルの伸び縮みと足し合わせで表現できる点全体を表す**ことが分かります。このような「点の集まり全体」を**空間**と呼ぶことにします。

見かけ上ベクトルが何本あるか、何次元なのかによらず、線形結合で表せる範囲がそのベクトルたちの表現力 = 空間を表します。

$\mathbb{R}^d$ に属するベクトルの集まりが表現できる空間は、$\mathbb{R}^d$ 全体と等しいかまたは小さくなるため、これを特に $\mathbb{R}^d$ の部分空間と呼びます。

ところで「伸び縮みと足し合わせ」というのは、線形な関数と入れ替えてもよい操作でした。したがって、線形結合 $y = \sum_{i=1}^{m} c_i x_i$ を線形関数 $f(x)$ に入力した結果得られる $f(y)$ は、

$$f(y) = \sum_{i=1}^{m} c_i f(x_i) \tag{4}$$

となります。つまり、「x_i の伸び縮みと足し合わせで表現できる空間」が「$f(x_i)$ の

伸び縮みと足し合わせで表現できる空間」に移し替えられたことになります。注意しなければならないのは、移し替えられた空間は、元の空間と同じか、より小さいということです。

詳細な説明は割愛しますが、有限次元のベクトル x に対する線形変換はすべて行列を左から掛ける操作として表現できることが知られています。ベクトルに行列を掛ける操作には「空間の次元を上げられない」という制約があります。次項以降でその制約について見ていきます。

B.3.2　行列積と線形変換—列空間編

次に、行列について考えてみましょう。知っての通り、行列とは縦横に数を並べたものです。今、$\mathbb{R}^{m \times n}$ の行列 A を、列ごと、行ごとに見て、

$$A = (a_1\ a_2\ \cdots\ a_n) = (\tilde{a}_1\ \tilde{a}_2\ \cdots\ \tilde{a}_m)^t \tag{5}$$

と書くことにします。列については $a_i \in \mathbb{R}^m\ (i = 1, 2, \cdots, n)$ であり、行については $\tilde{a}_i \in \mathbb{R}^n\ (i = 1, 2, \cdots, m)$ です。つまり、行列を「数の四角い塊」ではなく、「ベクトルの集まり」と捉えることにするのです。以下では a_i を A の列ベクトル、$\tilde{a}_i$ を A の行ベクトルと呼びます。

前項の延長で「ベクトルの集まり」を線形結合で捉えてみます。A の列ベクトルの線形結合は、$\sum_{i=1}^{n} x_i a_i$ です。これはまさしく行列積 Ax の定義式です。したがって、行列積 Ax は、「**A の列ベクトルの線形結合で表現できる点の 1 つ**」であることが分かります。

列ベクトルの本数はベクトル x の次元以下ですから、その点の属する空間は多くとも x の次元と同じでしかありません。

$\{x_1, x_2, \cdots, x_m\}$ という m 本のベクトルが表す空間は、行列 A を掛ける操作によって変わらないか、小さくなるのです。A の列ベクトルの線形結合でできる空間を A の列空間と呼びます[注2]。$\{x_1, x_2, \cdots, x_m\}$ の表す空間は A の列空間に含まれるということです。

また、先に述べた通り、有限次元の線形変換間はすべて行列積によって表現できるので、$f(x) = Ax$ 自体を**線形変換**と呼びます。

注2　同じく、行ベクトルで表現できる空間を行空間と言います。列空間と行空間の次元は一致することが知られています。

機械学習らしく、x_iがデータである例を考えます。図 B-2（a）のような同心円状に分布する 2 種類のデータ（○と□）を、平面で分離できるような 3 次元の空間（図 B-2（b））に移すことは、線形変換の範疇では不可能です。図では非線形変換によって軸を追加することで、これを実現しています。

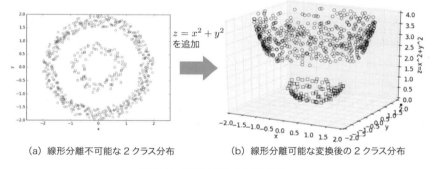

（a）線形分離不可能な 2 クラス分布　　　　（b）線形分離可能な変換後の 2 クラス分布

図 B-2　非線形変換による高次元化

これはすなわち、機械学習における線形変換の限界を表しています。**特徴ベクトルに対して線形変換を繰り返す限り、絶対に異なるクラスのデータを分離できないような分布が存在する**ということです。

このような分布を**線形分離不可能**と言います。

B.3.3　行列積と線形変換—行空間編

前項では、行列による線形変換を列の観点から考えてみました。一方で、行列は行によって分解して考えることもできます。この場合、線形変換は何を意味すると捉えられるのでしょうか。

行列積を行ベクトル$\tilde{a}_i$で表現すると、

$$Ax = (\tilde{a}_1^t x \ \tilde{a}_2^t x \ \cdots \ \tilde{a}_m^t x)^t \tag{6}$$

となります。つまり、結果のベクトルは、$\tilde{a}_i$とxとの内積を成分に持つことが分かります。

2 つのベクトルの内積の値は、大雑把に言って、成分のパターンが似通っていれば大きな値を持ちます。つまり、行列の各行は、**それぞれの行と似ているベク**

トルを通し、似ていないベクトルを遮断するフィルタとしての働きを持っていることになります。

あるクラスのベクトルに特徴的な成分のパターンがあるとすれば、それを行に持つ行列は、特定のクラスのデータを通し、他のクラスのデータを遮断するフィルタとして働くことになります。

実際にはそこまで分かりやすい状況にはなりませんが、例えば画像から作ったベクトルであれば輪郭を表すフィルタや向きを表すフィルタなど、より特徴らしい情報を取り出すためのフィルタを学習できると良いでしょう。その考えを推し進めていけば、フィルタは多ければ多いほど良さそうです。

ところが、B.3.1項で説明した「空間」がここで足かせになります。

いくら多数のフィルタを掛けて大きなベクトルを作ったとしても、結果のベクトルは元のベクトルの分布よりも広い空間に位置することはできないのでした。したがって、**元々線形分離不可能なデータ集合にどれだけフィルタを掛けても、線形分離不可能なまま**ということになります。

● B.3.4　アフィン変換、平行移動、バイアス項

行列による線形変換によく似た変換として、アフィン変換というものがあります。アフィン変換は

$$f(x) = Ax + b \tag{7}$$

という式で表されます。アフィンとは平行移動のことです。線形変換との違いはまさしく平行移動の項 b が入っている点です。これだけの違いですが、アフィン変換は非線形変換です。平行移動の項をバイアス項と呼び、バイアス項を足すことを「バイアスをかける」とも言います。

バイアス項が入ることで、変換後の空間は A の列空間とも異なる場合があります。b が A の列空間に含まれない場合、A で表現できなかった方向へも点を動かすことができるからです。しかし、バイアス項は元のベクトル x に依存しない項なので、x の表現力が増えるわけではありません。単に異なる空間になるというだけです。バイアスは空間を見る視点を変えるための一種の調整項だと思ってください。

B.4 ノルムと罰則項

ここで少し脇道にそれて、線形性とは別の概念に触れます。ノルムです。

通常、単にノルムと言えばL2ノルムを指します。これはd次元ベクトルxに対して

$$\|x\|_2 = \sqrt{\sum_{i=1}^{d} x_i^2} \tag{8}$$

と定義されます。

ノルムとは、大雑把に言えばベクトルの大きさのことです。L2ノルムの場合、式から明らかな通り、成分の絶対値が大きければ大きいほどノルムも大きくなりますから、直感に沿うでしょう。

ノルムという概念の使い方は多岐にわたりますが、ここでは、基礎編でも触れた罰則項への応用について説明します。

罰則項とは、あるデータセットから計算される損失関数に、パラメータwが「不自然」に当てはまらないよう制約を掛ける項です。この罰則項付きの損失関数は、

$$f_p(w) = f(w) + Cp(w) \tag{9}$$

のような形をしています[注3]。

Cは正の定数で、$p(w)$が罰則項です。L2ノルムの場合は$p(w) = \|w\|_2^2$です。このとき、罰則項付きの損失関数は、解のノルムが大きいとあたかも損失が大きいかのように振る舞うことになります。つまり、**ノルムの大きな解は不自然**だと主張しています。

パラメータの行がフィルタとして機能するには、データの特徴を表した「自然な」ベクトルであることが望ましいはずですが、自然なベクトルというのは往々にして、極端に大きなノルムは持ちません。

したがって、純粋に損失関数の谷底のみを目指すのではなく、ノルムについての経験的な知識を入れ込んだほうが「自然な」解を得られることが多いのです。罰則項を用いる場合も損失の形以外の変更はないので、通常の最適化問題として

[注3] 罰則項を付けることを正則化 (regularization) とも言います。異常な解を避け、正常にするという意味です。L2ノルムを使った正則化はL2正則化、L1ノルムならL1正則化と呼ばれます。

扱うことができます。

　罰則項の導入は有効な手法ですが、注意点もあります。それはハイパーパラメータ C の存在です。C は罰則の強さを表し、大きすぎると元の損失関数が罰則項に覆い隠されてしまい、逆に小さすぎるとあまり効果が現れません。

　この値の決め方が問題になりますが、そもそも罰則項はアルゴリズムによって導かれるものではなく、「不自然な解はなるべく避けたい」という、人間の要求によって付け加えられるものです。したがって、どの値が最適かというのは、目的に応じて人間がチューニングする必要があります。

　各種の精度指標を利用して定めたり、計測データの S/N 比に応じて定めたり、あるいはもっと洗練された手法[注4]を利用したりといくつか判断基準はありますが、最終的にはケースバイケースで決めることになります。

B.5　線形回帰の最小二乗解を考える

　大変駆け足でしたが、以上で線形代数で扱う概念についての振り返りを終えます。お疲れ様でした。

　ここでちょっと実際的な話題に触れてみましょう。付録 A では、線形回帰のパラメータの推定値を式変形によって求めましたが、その意味の解説については保留していました。ここまでの解説で説明の準備が整ったので、線形代数のおさらいの締めくくりとしてこれを取り上げます。順を追って見ていきましょう。

　一連の式を再掲します。

$$
\begin{aligned}
Y &= AD & &\text{連立方程式} \\
(A^t A)\hat{D} &= A^t Y & &\text{最小二乗解の満たすべき条件} \\
\hat{D} &= (A^t A)^{-1} A^t Y & &\text{最小二乗解}
\end{aligned}
\tag{10}
$$

　それでは、これらの意味を図形的に読み解いてみましょう。

　イメージしやすいよう、いったん $d = 1$、$m = 3$ の場合、すなわち 1 変数のデータが 3 つある場合を考えます。

　まず、連立方程式 $Y = AD$ は「A の列ベクトルの線形結合を取り、Y に一致するベクトルを作りたい」という要求を表しています（図 B-3 (a)）。

注4　交差検証、L-カーブ法などがあります。

ところが、A の列空間は最も大きくても $\mathbb{R}^2$ です。言い換えれば、A の列ベクトルでどのような線形結合を取っても、その点はある 1 つの平面上に位置することになります。

したがって、Y が平面から外れた位置にある場合、D をどう選ぼうとも線形結合 AD を Y に一致させることはできません（図 B-3 (b)）。

Y が平面に乗っているか平面から外れているかは A の列によって決まります。つまり、我々の動かせるパラメータ D によらず、データがすべて出そろった段階で決まっているのです。

この時点で、誤差 $E = Y - AD$ をゼロベクトルにする D が存在するとは限らないということになります。この事実は、連立方程式 (10) の解が存在するとは限らないということに対応しています。

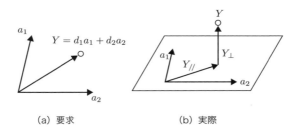

図 B-3 線形回帰の仕組み

最小二乗法では、誤差 E を 0 にはできないまでも、そのノルムが最小になるような条件を掛けて D を定めたのでした。このとき E はどのようなベクトルになっているのでしょうか。もちろん D を動かして実現しうる限り最小のベクトルになっているのですが、ノルムの等しいベクトルは無数に存在するため、その方向についても知っておきたいところです。

今一度式 (10) に立ち戻り、2 行目の式を少し変形してみると、

$$A^t(Y - AD) = A^t E = 0 \tag{11}$$

という式を作ることができます。

この式が主張しているのは、**L2 ノルムが最小になるような誤差ベクトルは、データ行列 A の列空間に直交する**ということです。

「列空間に直交する」とはどういうことかというと、少なくとも今のケース ($d=1$、$m=3$) においては、誤差ベクトルと平面とが素朴に図形的な意味で直交するということです。A の列を $a_1, a_2 \in \mathbb{R}^3$ と置いて式 (11) をさらに変形すると、

$$a_i^t E = 0 \quad (i = 1, 2) \tag{12}$$

と書くこともできます。これは単に A の 2 本の列と E が直交していることを表すにすぎませんが、A の列空間が 2 次元の平面である以上、この 2 本のベクトルと直交していれば、平面と E とが直交していると言うことができるのです。平面上の点を選んで平面の外の点との距離が最短になるようにするには、外の点から垂直に線を下ろした点を選べば良いというのは直感に合いますね。

もう 1 つ、数式と直感との対応を見ておきましょう。式 (10) 2 行目の括弧の付け方を少し変えると、

$$(A^t)AD = (A^t)Y \tag{13}$$

となります。

ここまで見てきた通り、AD はもちろん A の列空間上にいます。一方で、Y は A の列空間にいるとは限りません。そこで、Y を分解して

$$Y = Y_{/\!/} + Y_\perp \tag{14}$$

と書いてみます。$Y_{/\!/}$ は A の列空間に収まる成分、$Y_\perp$ は列空間に直交する成分です。

「A の列空間から外れる」ということを、「A の列空間内で $Y_{/\!/}$ だけ進んでから、A に直交するように $Y_\perp$ だけ進む」と表現するわけです (図 B-3 (b))。

このとき、$A^t Y_\perp = 0$ ですから、

$$A^t Y = A^t (Y_{/\!/} + Y_\perp) = A^t Y_{/\!/} \tag{15}$$

が成り立ちます。

したがって、式 (10) の時点で $Y_\perp$ の情報は一切消えているのです。つまり、データ A から作れる出力値 Y は、どうやっても A の列空間内に留まってしまうのだか

ら、A の列空間に直交する成分 $Y_\perp$ については完全に度外視して、平面内で選びうる最良の値を取ろうということです。そして、度外視された方向の成分こそが誤差ベクトル E なのです。

さて、1 変数の場合の図形的な様子はおおよそイメージできたでしょうか。ここで、話を多変数の場合に戻します。

数式上は、1 変数でも多変数でも形は全く同じです。一方で、多変数に対応する多次元空間での図形的な様子はイメージしづらく、通常は不可能です。とはいえ、予め 2 次元や 3 次元のケースを考えてイメージを作っておけば、厳密にどういうことかは分からなくても、おおよそ 2 次元や 3 次元のときと似たような事情だろうと推測することはできます。

このイメージが高次元においてどこまで妥当か判断するのは難しいですが、全く手掛かりがないよりは良いでしょう。イメージできる「直交」という概念から、今重要視している数学的な性質を抜き出して、多次元にも使えるように拡張したということが大事なのです。

多次元の空間について考えるときは、2 次元、3 次元から出発してイメージをつかんでから、あえて 1 回それを捨て去って数式をガリガリと変形することに徹し、何だかわけが分からなくなってきたときに「これは 2 次元、3 次元で言うと、どういうことだろう？」と立ち戻って考えることができるのが大事です。

B.6　機械学習における「非線形」

B.6.1　非線形の何がうれしいのか？

ここまで、線形結合によって表現できる空間についての説明をしてきました。この付録で最重要視している事柄を再度強調しておくと、

あるベクトルの線形変換によって、元々のベクトルが持っている空間以上の広がりは表現できない

ということです。

では、**非線形変換**ならばそれができるのでしょうか。

非線形とは、読んで字のごとく線形ではないものすべてのことです。したがっ

て、それらすべてに共通する性質を見出すのは困難です。単純に非線形でさえあれば線形変換よりも便利に使えるというわけではなく、よく性質の知られた一部の非線形変換を利用することで、線形変換の限界を超えることができるようになります。

そのような非線形変換の力をうまく使ったアルゴリズムの例として、ここではニューラルネットワークと非線形 SVM を紹介します。単純なニューラルネットワークは近年ではあまり用いられませんが、最先端の手法である深層学習の基礎となっているアルゴリズムなので、理解しておくことには価値があります。

B.6.2　ニューラルネットワーク

ニューラルネットワークは、アフィン変換と活性化関数と呼ばれる非線形変換を 1 つの層と呼び、多数の層を連結するアルゴリズムです。

代表的な活性化関数であるシグモイドを利用したニューラルネットワークについて、具体的に式で書けば、

$$
\begin{aligned}
u &= Wx + b \\
f(u) &= \frac{1}{1 - e^{-u}}
\end{aligned}
\tag{16}
$$
（成分ごとに適用）

となります。$f(u)$ がシグモイドと呼ばれる関数です。学習の対象になるのは W と b です。実際には、層ごとに W と b を個別に持ちます。

図 B-4 はシグモイドを図示したものです。

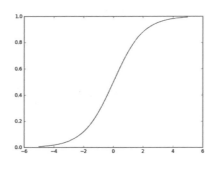

図 B-4　シグモイド

原点の左側では0に漸近し、右側では1に漸近します。この値はいわば点数のようなものです。入力の値が負ならほぼ0点、正ならほぼ1点という判定基準を記述しています。xにフィルタWを掛け、$Wx \geq -b$ならば1、さもなくば0という点数を付与しているということです（不等式はベクトルの成分ごとに適用します）。

重要なのは、フィルタの結果に対して「0と1に振り分ける」という処理を加えることで、有効な次元を増やすことができる点です。極端な話、xが取りうるすべての値をWの行に格納しておけば、すべてのxに対して0または1からなる点を一意に付加することもできるわけです。

もちろん実際にはそんな構造は実現できませんから、フィルタの数を行として増やすだけでなく、何層も連結することで表現力を確保するようにします[注5]。

それでは、多層の構造を持つパラメータをどう学習するのでしょうか。話を単純化するため、bは常に0とし、Wの学習法のみ考えます。線形回帰のように最小二乗法を適用しようとすると、誤差の二乗和は

$$\sum_{i=0}^{n}(y_i - f(W_n f(W_{n-1} f(\cdots f(W_0 x_i)\cdots))))^2 \tag{17}$$

のような混迷を極めた形になってしまい、とてもまともに扱えそうにありません。

これを解決するのが、誤差逆伝搬法（Backpropagation）という手法です。これは、誤差の二乗和を一気に最小化する代わりに、1層ずつ微分を計算していく方法です。数学的には合成関数の偏微分によって実現されますが、ここではその導出は割愛します。

誤差逆伝搬の手続きにおいて、ある層は後の層の誤差を受け取り、その値を元に自分自身の更新量を計算して前の層に誤差を受け渡します。最終層から逆向きに誤差を受け渡していくので誤差逆伝搬法と呼びます。これをK層のネットワークについて具体的に書き下すと、

注5 アフィン変換のみの場合、層を重ねても$W_1(W_0 x + b_0) + b_1 = (W_1 W_0)x + (W_1 b_0 + b_1)$のようにアフィン変換の範疇に収まってしまうため、表現力が高まることにはなりません。

$$\Delta W^{(k)} = \epsilon^{(k)} (z^{(k)})^t$$

$$\epsilon^{(k)} = \begin{cases} g^{(k)} \circ (f(u^{(k)}) - y) & (k = K) \\ g^{(k)} \circ (W^{(k)})^t \epsilon^{(k+1)} & (1 \leq k \leq K-1) \end{cases} \quad (18)$$

$$g^{(k)} = f(u^{(k)}) \circ \left(\mathbf{1} - f(u^{(k)})\right)$$

$$u^{(k)} = W^{(k)} z^{(k)}$$

となります。ただし、記号 $\circ$ は要素ごとの積を表し、$\mathbf{1}$ はすべての成分が 1 のベクトルを表します。また、それぞれの式の次元に注意してください（転置の記号を見落とさないように）。

$W^{(k)}$ というのは第 k 層のパラメータ W で、$z^{(k)}$ は第 k 層の入力です。$u^{(k)}$ はシグモイドに直接入力される値、すなわち線形変換（一般にはアフィン変換）の出力を表します。

誤差 $\epsilon^{(k)}$ の 2 つの式に共通する $g^{(k)}$ の部分は、層全体の更新の度合いを定めます。この $g^{(k)}$ の値は、$f(u^{(k)})$ が $\mathbf{0}$ または $\mathbf{1}$ に近づくと $\mathbf{0}$ に近づくので、シグモイドの右か左に行きつくと更新が止まります。残りの部分が伝搬していく誤差の「本体」です。最終層（$k = K$）の誤差は単に予測のズレそのものを利用しています。中間層（$1 \leq k \leq K-1$）での誤差は、パラメータ W の成分 w_{ij} で重み付けられて伝搬します。順方向への計算時に大きな値を取るものは、誤差要因としても大きく評価されるということです。

以上によると、誤差逆伝搬を使えばいくらでも層を重ね、好きなだけ高い表現力を確保した関数を設計できそうです。

しかし、実際に多数の層を重ねたネットワークに誤差逆伝搬を適用してみると、多くの場合 1 桁前半程度の層数でしか学習が収束しないということが事例によって明らかになっていきました。

そして、次第にニューラルネットワークに変わるより強力なアルゴリズムが求められるようになっていきました。ニューラルネットワークの冬の時代です。

❁ B.6.3 非線形 SVM

ニューラルネットワークの次に一世を風靡したのは、非線形 SVM です。

SVM については線形/非線形ともに本編でも使ってきましたから、その性能

の良さは理解できたかと思います。

ここでは非線形 SVM について説明しますが、データ x を変換する方法に着目し、最適化アルゴリズムには立ち入りません。また、SVM の根幹のアイデアであるマージン最大化については 3.5.4 項で説明しましたので、改めて説明はしません。

さて、まず線形 SVM の判別器としての式は、

$$y = w^t x + b \tag{19}$$

です。y の符号が x の属するクラスに対応します。また、SVM は 2 クラス判別を基本とするので、w は 1 本のベクトル（＝ 1 本の直線）です。線形 SVM は関数としてはただのアフィン変換であり、パラメータを定める基準としてマージン最大化という問題を解いていることに特色があるのです。

一方、非線形 SVM の判別器の式は

$$y = \sum_{i=1}^{m} \alpha_i K(x_i, x) + b \tag{20}$$

です。変わったのは第 1 項のみです（ただし、パラメータは w_i ではなく、サンプルの個数分だけ存在するスカラー値 α_i です）。

ベクトル x の成分が、x の関数 $K(x_i, x)$ に置き換わっただけともみなせます。この K をカーネル関数と呼びます。

カーネルを使った表現の出所を見てみましょう。非線形 SVM を始めとするカーネル法の仲間たちは、線形変換と非線形変換の折衷案のような方法を利用します。すなわち、

$$y = u^t \varphi(x) + b \tag{21}$$

という式を使います。

ここで、$\varphi(x)$ は、学習対象となるパラメータを持たない非線形関数で、かつ、元のベクトル $x \in \mathbb{R}^d$ よりも高次元のベクトルです。つまり、第 1 項は非線形関数の線形結合です。$\varphi(x)$ 自身は x について非線形ですが、式全体は u および $\varphi(x)$ について線形なのです。

学習パラメータ u について線形なので、u についての学習はここまでの枠組み

で実行できます。しかし、このままの形ではxより高次元かつ非線形なベクトルの内積を直接計算する必要があり、計算コストが増大してしまいます。非線形SVMでは、カーネルトリックと呼ばれる手法によってそのコストを抑えます。

説明は割愛しますが、α_iについては

$$u = \sum_{i=1}^{m} \alpha_i \varphi(x_i) \tag{22}$$

が成り立つという定理があります。最適な重みは、代表的な点の値を使って表現できるという意味です。これを式 (20) に代入すると、

$$\begin{aligned} y &= u^t \varphi(x) + b \\ &= \sum_{i=1}^{m} \alpha_i \varphi(x_i)^t \varphi(x) + b \end{aligned} \tag{23}$$

となります。高次元の関数$\varphi(x)$が内積、すなわちスカラーの形に置き換えられました。

カーネルトリックとは、この (高次元、高コストな) 内積計算を省略する技法です。すなわち、

$$\varphi(x_i)^t \varphi(x) = K(x_i, x) \tag{24}$$

と、内積を 2 変数のスカラー値関数$K(x, y)$で置き換えてしまうのです。

ずいぶん乱暴な気がしますが、Kがある種の性質を持つならば、このような置き換えが許されるということが証明されています[注6]。

具体的にカーネルとして使える関数は例えば

$$K(x, y) = \exp\left(\frac{-\|x - y\|^2}{2\sigma^2}\right) \tag{25}$$

などです (σはハイパーパラメータです)。

まとめると、ここまで重要視してきた

注6 再生性と言います。

- 特徴空間
  - ⇨ 高次元への非線形変換
  - ⇨ 判別に必要な1次元空間

という手続きが

- 特徴空間
  - ⇨（高次元空間での内積をカーネル経由で省略）
  - ⇨ 判別に必要な1次元空間

というふうに、高次元空間での操作を背後に隠す形で簡略化できるのです。何だか化かされたような感じですが、そういうものだと思ってください。

　ニューラルネットワークに変わって一時代を築いた非線形SVMですが、やはりその根幹は「いかにして高次元空間への非線形変換を行うか」という点にあるわけです。

B.6.4　再びニューラルネットワーク

　B.6.1項で触れた通り、素朴なニューラルネットワークは現在ではあまり使われません。

　確かに表現力の高いモデルではあるのですが、学習が困難であったり、汎化性能に乏しかったりするからです。このため、一時期ニューラルネットワークは時代遅れとなり、判別器と言えばSVMという状況でした。判別器そのものよりも、対象についての深い知識に基づいて丁寧に設計された特徴ベクトルが機械学習の要だったのです。

　ところが近年、素朴なニューラルネットワークに変わる新たなニューラルネットワークとして、深層学習と呼ばれる技術が台頭してきています。深層学習とは何かというのを大雑把に言えば、**極めて多数の層から構成される（＝ディープな）ニューラルネットワークを学習する手法**です。

　深層学習の肝は、いかに汎化性能を担保しつつ莫大な量のパラメータを学習するかという点にあります。それを実現するための工夫の歴史については第1章末尾の「小話　深層学習って何だ？」を参照していただくとして、最先端のネットワーク構成である Residual Net（ResNet）の到達した領域についてだけ述べると、

なんと 1,001 層ものネットワークの学習を収束させることに成功しています。

　これから先の機械学習がどのような方向に進んでいくのかは分かりませんが、複雑・巨大に見えるアルゴリズムも、根本的にはアフィン変換と活性化関数の繰り返しです。難しそうな見かけにめげず、基礎を固めて立ち向かうことが重要でしょう。

参考情報

サポートページ

本書で使用したスクリプトやデータは、オーム社の本書サポートページからダウンロードできます。オーム社 Web サイトの [ダウンロード] から書名で検索頂くか、

- http://www.ohmsha.co.jp/data/link/978-4-274-21963-4/

で直接アクセスしてください。

Web サイト

個別の話題に関しては、現状はインターネットで調べるのが一番早いです。ただし情報は玉石混合で、バージョン違いや誤りもあるのでよく注意しましょう。

何はともあれ、公式サイトは頼りになります。

- Python   https://www.python.org/
- scikit-learn http://scikit-learn.org/
- NumPy   http://www.numpy.org/
- matplotlib   http://matplotlib.org/
- pandas   http://pandas.pydata.org/

また、Python に関しては日本語訳も進んでいます。

- http://docs.python.jp/3/

第 6 章の最後でも触れましたが、本書の編者である株式会社システム計画研究所では、技術公開サイト「技ラボ」を運営しています。AI・機械学習だけでなく、画像処理、宇宙・制御など各種技術情報を紹介していますので是非訪れてみてください。

- http://wazalabo.com/

書籍

《機械学習全般》

- 石井 健一郎、前田 英作、上田 修功、村瀬 洋『わかりやすいパターン認識』(オーム社、1998)
  SVMの台頭よりもさらに前の古典的教科書です。そのため内容は古いですが、強力なアルゴリズムと潤沢な計算機リソースが使えない状況を想定しているぶん、「人間の頭で考えなければならないこと」がぎっしり詰め込まれています。誤差逆伝搬法の省略なしの導出も載っていますが、数式の書き方と説明の組み立て方に癖があり、読み解くのには少し努力が必要です。

- 中井 悦司『ITエンジニアのための機械学習理論入門』(技術評論社、2015)
  機械学習の理論面を重視した入門書です。数学的知識やプログラミングの経験を前提としている面はありますが、より先に進みたい方には良書かと思います。

- 高村 大也 著、奥村 学 監修『言語処理のための機械学習入門』(コロナ社、2010)
  「言語処理のための」と銘打っていますが、機械学習全般の入門書としても手頃です。

- Willi Richert and Luis Pedro Coelho, *Building Machine Learning Systems with Python*, Packt Publishing, 2013. 斎藤 康毅 訳『実践 機械学習システム』(オライリージャパン、2014)
  機械学習を使っていく方には向いています。本書より幅広いテーマを扱っていますので、本書の次に読むとよいでしょう。

- Christopher M. Bishop, *Pattern Recognition and Machine Learning*, Springer-Verlag New York, 2006. 元田 浩、栗田 多喜夫、樋口 知之、松本 裕治、村田 昇 監訳『パターン認識と機械学習—ベイズ理論による統計的予測 上・下巻』(丸善出版、2012)
  ご存じビショップ先生の教科書です。とても良い本ですが、非常に難しいので最初に手を出す本としては選ばないほうがよいでしょう。

《Python関連》

Pythonに関しては公式サイトにあるチュートリアルが役に立ちます。

- Bill Lubanovic, *Introducing Python*, O'Reilly Media, 2014. 斎藤 康毅 監訳、長尾 高弘 訳『入門Python 3』(オライリージャパン、2015)
  文法の説明から並列処理やデバッガーの使い方まで幅広く扱っています。入門とう

たっていますが、プログラミング言語の初心者には少々難しいかもしれません。本編だけで430ページ近くあり、読み通すのは大変ですが、通読できればPythonには困らなくなるでしょう。

- Brett Slatkin, *Effective Python: 59 Specific Ways to Write Better Python*, Addison-Wesley, 2015. 黒川 利明 訳、石本 敦夫 技術監修『Effective Python—Pythonプログラムを改良する59項目』（オライリージャパン、2016）
  Pythonの使いこなしを学ぶのに良い本です。入門書の次に読むべき本です。

- Wes McKinney, *Python for Data Analysis: Data Wrangling with Pandas, NumPy, and IPython*, O'Reilly Media, 2012. 小林 儀匡、鈴木 宏尚、瀬戸山 雅人、滝口 開資、野上 大介 訳『Pythonによるデータ分析入門—NumPy、pandasを使ったデータ処理』（オライリージャパン、2013）
  pandasを使ったデータ分析の本です。大型本で474ページとボリュームがある本ですが読みやすく、pandasに学ぶのに大変良い本です。

《センサデータ、時系列処理》

- 北川 源四郎『時系列解析入門』（岩波書店、2005）
  時系列データの実践的な扱いについて学ぶことができます。周期性や欠測値への対処といった実データの取り扱い方から統計学・情報理論の観点に立った説明まで、内容は多岐にわたります。理論的な部分の記述は難しく、読み通すにはそれなりの根気が必要です。

- 関原 謙介『統計的信号処理—信号・ノイズ・推定を理解する』（共立出版、2011）
  線形回帰と関連の深い内容を扱っています。アフィン変換をモデルとする統計的信号処理を色々なケースについて学ぶことができます。数式が多いですが内容は比較的平易です。

- 浅野 太 著、日本音響学会 編集『音のアレイ信号処理—音源の定位・追跡と分離』（コロナ社、2011）
  「音の」とありますが、音響固有の問題についての記述はごく一部で、多変量の統計信号処理全般に応用のきく内容です。統計的推定および最適化について、多種多様なアルゴリズムの導出を丁寧に追っていくことができます。そのぶん数式が非常に多いですが、読み通すことができれば相当な実力が付くことでしょう。付録には線形代数、統計、最適化についてのコンパクトかつ実用的なまとめが付いており、リファレンスとしても有用な1冊です。

《画像処理》

- 情報処理学会 CVIM 研究会 編、コンピュータビジョン最先端ガイドシリーズ（アドコム・メディア、2008〜2013）

  近年深層学習が最も成果を挙げた分野である画像処理について、ハードウェアからソフトウェアまで網羅的に取り上げたシリーズです。深層学習の登場以前から以後まで続くシリーズなので、古典的な特徴抽出ベースの手法から深層学習への変遷を見ることもできます。特に機械学習との関連が深いのは第 1 巻と第 6 巻で、その他の巻は画像処理を実際にシステムに組み込む必要に迫られた際に適宜参照するのがよいでしょう。

《その他の数学的理論について》

- 馬場 敬之『スバラシク実力がつくと評判の線形代数 キャンパス・ゼミ―大学の数学がこんなに分かる！単位なんて楽に取れる！』（マセマ、2015）

  あまりにもカジュアルなタイトルですが、まっとうな線形代数の入門書です。理論的な厳密さよりも、式変形が実際にできるようになること、および、概念を大づかみで理解することが重視されており、躓くようなことはほとんどないでしょう。特に式変形については 1 行 1 行丁寧な解説が付いており、手を動かす計算が苦手な方におすすめです。マセマからは多くの教科に同等の数学書が出ているので、シリーズ全体にも手を出してみるとよいと思います。

- 赤穂 昭太郎『カーネル多変量解析―非線形データ解析の新しい展開』（岩波書店、2008）

  カーネル法の裏にある再生核ヒルベルト空間について詳しく学ぶことができます。理論がメインの本ですが、応用を念頭に置いた問題意識で書かれているため迷子になることはないでしょう。

- 金谷 健一『これなら分かる最適化数学―基礎原理から計算手法まで』（共立出版、2005）

  損失関数の最小化で利用される最適化理論について基礎から学ぶことができます。機械学習で用いられる範囲を超えた内容もありますが、広い視野から理解するために通読して損はありません。全般的に記述が平易で例が豊富なため、非常に読みやすい 1 冊です。

索引

●記号
* 14
\+ 14
\- 14
/ 14

●A
Accuracy 46, 50, 132
AdaBoost 64
Affinity propagation 113
AgglomerativeClustering 112
Anaconda 4
analytic solution 195

●B
backward 計算 208
boston データセット 97

●C
C4.5/C5.0 57
Caffe 31
CART 57
Chainer 31
closed form solution 195
CNN (convolutional neural network) 30
CNTK 31
Confusion Matrix 50

●D
DataFrame 157
Deep Learning 28
dendrogram 111
diabetes データセット 97
digits データセット 42
Dropout 29

●F
F-measure 51
forward 計算 208
F 値 51, 54, 55

●G
Google の猫 29

●H
HOG 特徴量 139

●I
IoT 153
IPython 7
iris データセット 100

●J
Jupyter Notebook 7
Jupyter QtConsole 8

●K
k-means 102
k-nearest neighbor 96
k-近傍法 96
k-分割交差検証 48

●L
L2 ノルム 194, 215
Lasso 回帰 90
Linear SVC (Linear Support Vector Classification) 119
LSTM (Long short-term memory) 30

●M
matplotlib 15, 43

●N

- NumPy 10
  - array() 11
  - c_ オブジェクト 13
  - concatenate() 13
  - dot() 14
  - dtype アトリビュート 11
  - ones() 11
  - r_ オブジェクト 13
  - shape アトリビュート 11
  - zeros() 10
- numpy.ndarray クラス 10
  - reshape() 13
  - T アトリビュート 12

●P

- pandas 156
  - as_matrix() 162
  - concat() 160
  - DataFrame() 157
  - dropna() 162
  - join() 161
  - set_index() 158
  - sort_index() 158
- Precision 51, 132
- pyplot 15
- Python 4

●R

- R^2 決定係数 78
- Random Forest 59, 62, 95
- Recall 51, 132
- regularization 215
- ReLU 29
- Ridge 回帰 90
- RNN (recurrent neural network) 30

●S

- scikit-chainer 32
- scikit-learn 41
- SGD (Stochastic Gradient Descent) 200
- Spyder 9
- stacked autoencoder 29
- SVM (Support Vector Machine) 66

- SVR 177

●T

- TensorFlow 31
- Theano 31
- Torch 31

●X

- xchainer 32

●あ

- アフィン変換 192, 214
- アンサンブル学習 59

●え

- エポック 200

●か

- カーネル 223
  - カーネル関数 223
  - カーネルトリック 224
- 回帰問題 17, 37, 71
- 解析解 195
- 階層 111
- 階層的凝集型クラスタリング 111
- 過学習 48, 57, 86
- 学習データ 41, 46
- 学習データとテストデータの選び方 46
- 学習データとテストデータの分離 47
- 学習率 197
- 確率的勾配降下法 200

●き

- 偽陰性 51
- 機械学習 3, 33
- 気象庁のデータ 155, 169
- 逆伝搬 208
- 強化学習 36
- 行空間 212
- 教師あり学習 35, 41
- 教師なし学習 36
- 凝集 111
- 偽陽性 51
- 局所解 198

●く

空間	211
クラスタ	99
クラスタリング	17, 37, 99
グリッドサーチ	146

●け

系統樹	111
欠損	154
決定木	45, 56
決定係数	176

●こ

交差検証	135, 146, 176
勾配	197
誤差逆伝搬法	29, 221
混同行列	50, 135

●さ

最急降下法	196
最近傍サンプルデータまでのマージン（距離の2乗）	67
再現性	207
再現率	51, 54, 55, 132, 144
最小二乗解	216
最小二乗法	73, 190
再生性	224
サポートベクターマシン	66, 94

●し

シグモイド	220
時系列データ	163
弱仮説器	60
重回帰	72, 80
樹状図	111
樹木モデル	56, 58
順伝搬	208
初期値鋭敏性	207
真陰性	51
人工知能	35
深層学習	28, 225
真陽性	51

●す

スライシング	12

●せ

正則化	215
正答率	45, 46, 50, 54, 55, 122, 132
積層自己符号化器	29
線形	209
線形SVM	223
線形回帰	72
線形結合	210
線形分離不可能	28, 213
線形変換	212
センサデータ	153

●そ

属性	41
損失関数	192

●た

大域解	198
畳み込みニューラルネットワーク	30
タプル	10
単回帰	72, 74

●ち

調和平均	51
直交	217

●て

データクレンジング	134
データの結合	174
データファイル	154
手書き数字データセット	42
適合率	51, 54, 55, 132
手形状分類器	117
テストデータ	45, 46
デンドログラム	111
電力消費量データ	156, 163

●と

特徴量	31, 139
閉じた形の解	195

●な
内積 213

●に
ニューラルネットワーク 28, 205, 220

●の
ノルム 215

●は
パーセプトロン 28
バイアス項 214
ハイパーパラメータ 145, 200
バギング 60, 62
外れ値 154
バックプロパゲーション 29
罰則項 215
罰則付き回帰 90
パラメータチューニング 145
汎化性能 47, 123
半教師あり学習 36
反復法 196

●ひ
非階層 111
非階層的クラスタリング 113
ヒストグラム 174
非線形 219
非線形 SVM 222
非線形回帰 72, 92
非線形変換 219
評価関数 196

●ふ
フィッシャーのあやめ 100
ブースティング 60, 64
分枝 111
分類器 42
分類問題 17, 36, 41

●へ
平行移動 214

●ほ
ホールドアウト検証 48

●み
ミニバッチ法 199

●も
モーメント 199
モーメント法 198
目的関数 196
求めるべき分類 42

●よ
要素ごとの積 222

●ら
ラベル 43

●れ
列空間 212

執筆者・執筆協力者 略歴

《執筆者》
鶴　英雄
　　埼玉大学大学院 理工学研究科数学専攻 博士前期課程修了。システム計画研究所に入社後、公共システム、通信システム、各種基盤システムの設計・開発に従事。現在 通信・制御・宇宙事業の統括兼 AI 事業推進。本書 編集長。　　　　[担当：第 1 章、第 2 章、本編全般]

中村　紗里
　　横浜市立大学大学院 生命ナノシステム科学研究科生体超分子システム科学専攻 博士前期課程修了。システム計画研究所に入社後、画像処理システムの開発業務および AI 事業に従事。　　　　　　　　　　　　　　　　　　　　　　　　　[担当：第 1 章]

村瀬　知彦
　　東京都立科学技術大学大学院 工学研究科航空宇宙工学専攻 博士前期課程修了。システム計画研究所に入社後、通信、組込み、医療などのシステム開発業務を経て、現在は HPC/AI 事業に従事。　　　　　　　　　　　　　　　[担当：第 3 章]

髙橋　陽平
　　群馬大学 工学部情報工学科卒業。システム計画研究所に入社後、公共システム、Web システム、通信システムなどの開発業務を経て、現在は AI 事業に従事。
　　　　　　　　　　　　　　　　　　　　　　　　　　　　[担当：第 1 章、第 4 章]

北島　哲郎
　　東京大学大学院 総合文化研究科広域科学専攻 博士課程単位取得退学。システム計画研究所に入社後、組込み開発、画像処理、通信システム開発などに取り組み、2015 年から AI・データサイエンス方面の開発業務およびアカデミアとの共同研究に従事。
　　　　　　　　　　　　　　　　　　　　　　　　　　　　[担当：第 5 章、第 7 章]

上島　仁
東京理科大学大学院 理学研究科化学専攻 修士課程修了。システム計画研究所に入社後、通信機器などの組込みシステム開発業務を経て、現在は AI 事業に従事。

[担当：第6章]

在間　淑美
山口大学 理学部物理学科卒業。システム計画研究所に入社後、LSI、宇宙、新聞社、通信、医療、画像処理などのシステム開発業務を経て、現在は AI 事業に従事。

[担当：第6章]

森　洵平
慶應義塾大学大学院 理工学研究科基礎理工学専攻 前期博士課程修了。システム計画研究所に入社後、AI・データサイエンスなどの研究・開発業務に従事。　　[担当：付録]

《執筆協力者》
北川　美穂
東京理科大学 理学部第一部応用数学科卒業。システム計画研究所入社後、建築設計支援、LSI 設計支援、衛星データ解析、医療関連などのシステム開発に従事。

[担当：コード確認]

奥村　義和
東京大学大学院 数理科学研究科 修士課程修了。システム計画研究所に入社後、通信、画像処理、AI などの研究開発に従事。　　[担当：企画および内容確認]

- 本書の内容に関する質問は、オーム社書籍編集局「(書名を明記)」係宛に、書状またはFAX(03-3293-2824)、E-mail(shoseki@ohmsha.co.jp)にてお願いします。お受けできる質問は本書で紹介した内容に限らせていただきます。なお、電話での質問にはお答えできませんので、あらかじめご了承ください。
- 万一、落丁・乱丁の場合は、送料当社負担でお取替えいたします。当社販売課宛にお送りください。
- 本書の一部の複写複製を希望される場合は、本書扉裏を参照してください。

JCOPY <(社)出版者著作権管理機構 委託出版物>

Pythonによる機械学習入門

平成28年11月30日　第1版第1刷発行
平成30年 2月25日　第1版第4刷発行

編　　者　株式会社システム計画研究所
発 行 者　村 上 和 夫
発 行 所　株式会社 オ ー ム 社
　　　　　郵便番号 101-8460
　　　　　東京都千代田区神田錦町3-1
　　　　　電話 03(3233)0641(代表)
　　　　　URL http://www.ohmsha.co.jp/

© 株式会社システム計画研究所 2016

組版　トップスタジオ　印刷・製本　千修
ISBN978-4-274-21963-4　Printed in Japan

関連書籍のご案内

Chainer による
実践深層学習

Chainerを使って、深層学習の実装方法を解説！

【このような方におすすめ】
深層学習を勉強している理工系の大学生
データ解析を業務としている技術者

● 新納 浩幸 著
● A5判・192頁
● 定価（本体2,400円【税別】）

深層学習を学ぶなら、まずはこの三冊！

機械学習 と 深層学習
《C言語によるシミュレーション》

機械学習の諸分野をわかりやすく解説した一冊！

【このような方におすすめ】
初級プログラマ
ソフトウェアの初級開発者
経営システム工学科、情報工学科の学生
深層学習の基礎理論に興味がある方

● 小高 知宏 著
● A5判・232頁
● 定価（本体2,600円【税別】）

進化計算 と 深層学習
《創発する知能》

進化計算とニューラルネットワーク、深層学習を学べる一冊！

【このような方におすすめ】
人工知能の初級研究者
ソフトウェアの初級開発者
深層学習の基礎理論に興味がある方

● 伊庭 斉志 著
● A5判・192頁
● 定価（本体2,700円【税別】）

もっと詳しい情報をお届けできます。
○書店に商品がない場合または直接ご注文の場合も右記宛にご連絡ください。

ホームページ　http://www.ohmsha.co.jp/
TEL/FAX　TEL.03-3233-0643　FAX.03-3233-3440

（定価は変更される場合があります）

F-1611-204